松戸の江戸時代を知る③

川と向き合う江戸時代

―江戸川と坂川の治水をめぐって―

渡辺尚志著

JN035037

たけしま出版

目　次

プロローグ

私たちは、日々何気なく水を使っていますが、人は水なしには生きられません。人体の七〇パーセントは水だといわれます。それは、古今東西、万国共通の事実です。けれども、人と水との具体的な関係は歴史とともに大きく変わってきました。本書で取り上げる江戸時代の百姓たちと、現代の都会に生きる人々とを比べてみましょう。

現代の私たちは、のどが渇けば水道から水を飲めますし、コンビニで水のペットボトルを買うこともできます。手軽においしい水が飲める有難さを、日ごろのわれわれはともすると忘れがちです。水洗トイレの普及により、そこでも水のお世話になっています。

その一方で、近くに川があっても、水が汚れているため、泳いだり水遊びをしたりできないことが多いでしょう。岸や川底がコンクリートで固められたため、魚や水生の動植物が見られなくなった川もたくさんあります。そうした点では、水(川)とわれわれとの距離は遠くなったともいえます。

江戸時代の村では、事情は全然違っていました。上水道はありませんから、飲料水は井戸や近くの川などから得たのです。し尿は流すのではなく、溜めて田畑の肥料に用いました。総じて、川はきれいでしたから、村の子どもたちは川で泳いだり、魚捕りをしたりして遊びました。大人たちも川で漁をして、捕れた魚は自家で食べるとともに、売って現金収入を得ました。現代のわれわれが、車で遠くのキャンプ場などに行かないと味わえないような楽しみが、ごく身近にあったのです。

そして、江戸時代の百姓にとって、水は農業用水として不可欠だったという点が、現代の都会人とのもっとも大きな違いです。また、農業用水の確保は、治水、すなわち洪水や氾濫の防止と表裏一体でした。用水は川や池から用水路を通して引いてくるわけですが、大雨が降れば川は氾濫して沿岸の村々に被害を及ぼします。自然は人に恵みを与えるだけでなく、時として大きな脅威にもなります。

ですから、百姓たちは、堤防の築造など治水にも力を尽くす必要がありました。大規模な治水工事になると、幕府や大名が計画・立案して、費用も負担しました。ただし、その際も、実際に現場に出て働くのは百姓たちでした。ましてや、小規模な工事では、費用も労働力もすべて百姓たちが負担しなければなりませんでした。

このように、農業用水を得るのも、水害を防ぐのも、百姓はみな自分たちでやっていたのです。それは手間も金もかかる大変な仕事でしたが、百姓たちが生きていくうえでは不可欠な作業でした。そして、百姓たちは、こうした作業を通じて、自然と付き合う知恵を身につけ、生活者として成長していったのです。気軽に水道から水を飲み、治水は行政に委《ゆだ》ねている現代人よりも、江戸時代の百姓のほうが、水についての実践的知識は豊富だったといえるでしょう。このように、水との付き合い方は、時代によって大きく変わってきたのです。　現代は、地球規模での環境破壊や資源の枯渇が問題になっています。これらは、われわれすべてが自分のこととして考えるべき問題です。そのとき、やや遠回りにはなりますが、われわれの先祖が水とどう向き合ってきたのか、その歴史を具体的にひもとくなかから、解決のヒントを探るのも意味のあることだと思います。本書は、こうしたことを考えつつ、現松戸市域とその周辺の村々を具体的に取り上げて書いたものです。松戸市域の西端には、北から南に江戸川が流れています。そして、江戸川に注《そそ》ぐ坂川も、松戸市民には身近な存在です（私も、ときどき坂川沿いを散歩します）。本書では、この両河川を取り上げます。

第一章では、江戸時代の村・百姓と水との関わりを、一般的なかたちでお話しします。第二章から、松戸市域の具体的な話になります。第二章では江戸川の治水を取り上げ、第三章以下では坂川の改修工事について述べます。本書では治水・水害防止の取り組みに焦点を合わせましたが、川は水上交通路としても重要な役割を果たしました。それについては、別の機会に述べることにします。

なお、江戸時代の度量衡や貨幣制度については、巻末の表をご参照ください。また、引用した文書は、すべて私が現代語訳しました。本文中の数値のなかには、史料に記載された数値をそのまま記載した箇所があります。

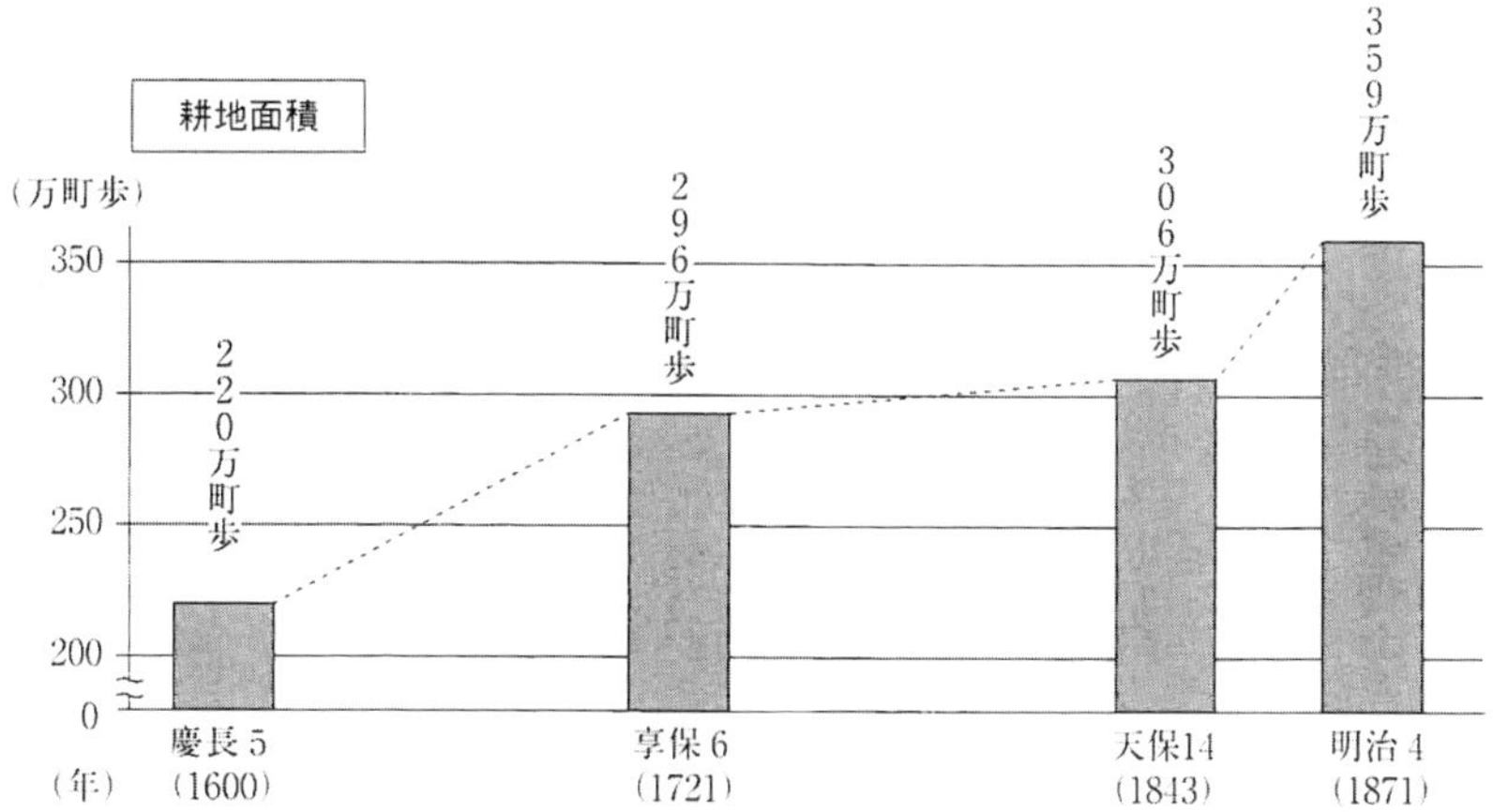

図1　江戸時代における耕地面積の推移
拙著『川と海からみた近世』より転載

第一章
水からみた江戸時代

・一七世紀は治水と大開墾の時代

本章では、江戸時代の村に生きた百姓たちが水とどのように関わったのかを概観します。

まず、図1を見てください。これは、江戸時代における耕地面積の推移を示したものです。これをみると、一六〇〇年から一七二一年の間に二二〇万町《ちょう》歩《ぶ》（一町歩〈一町〉＝約一ヘクタール）から二九六万町歩へと一・三五倍に増加しています。その後、一七二一年から一八四三年までは二九六万町歩から三〇六万町歩へと一・〇三倍の増加、一八四三年から一八七一年までは三〇六万町歩から三五九万町歩へと一・一七倍の増加となっています。

同時期の人口の推移については、一六〇〇年から一七二一年の間に約一七〇〇万人から三一二八万人へと一・八四倍に急増しています。その後、一七二一年から一八三四年までは三一二八万人から三二四八万人へと一・〇四倍の増加、一八三四年から一八七一年までは三二四八万人から三四一八万人へと一・〇五倍の増加となっています（鬼頭宏『図説　人口で見る日本史』、『岩波講座日本経済の歴史二　近世』）。これらの数値については異説もありますが、全体的な趨勢については諸説ともおおむね一致しています。

耕地面積と人口の推移を合わせてみると、一七世紀（江戸時代前期）において両者とも顕著に増加していることがわかります。一六〇〇年から一七二一年までといっても、実際には、耕地面積・人口とも一七世紀中における増加がほとんどです。対照的に、一八世紀から一九世紀前半までは、耕地面積・人口とも増加は緩慢になっています。つまり、一七世紀とは、わが国の歴史上でも特筆すべき「大開墾時代」「人口急増の時代」だったのです。

では、なぜ一七世紀に大規模な耕地開発が行なわれたのでしょうか。その理由は、次のように考えられます。そもそも、農業に適した立地は、日本列島各地にある広くて平らな沖積平野《ちゅうせきへいや》（河川の堆積作用によってできた平野）です。山あいの狭小な平地や日当たりの悪い斜面よりも、平野部のほうが農耕に有利なのは当然です。

沖積平野は河川が運んだ土砂によってつくられますから、そこには必ず大河川が流れています。そして、大河川は大雨のたびに氾濫し、流域一帯に大量の土砂をもたらしてきました。これが肥沃《ひよく》な土壌の形成要因となったのですが、その反面で安定的な耕地を維持する際には大きな障害となりました。せっかく多大な労力をかけて耕地を造成しても、洪水のたびに土砂に埋もれてしまうからです。そこで、沖積平野を開発し耕地化するためには、その前提として、河川の流路を一定に保ち、氾濫を防ぐための治水工事が不可欠になります。そして、有効な治水のためには、河川の上流と下流、左岸と右岸に広く目配りした統一的な方針に基づく工事の実施が必要です。

しかし、中世（鎌倉・室町時代）までは、各地に中小規模の権力が分立しており、大河川の流域全体を支配して、統一的な方針のもとに大規模な治水工事を実施できるだけの強大な権力が存在しませんでした。技術力の水準も、まだそれほど高くありませんでした。そのため、沖積平野の開発はあまり進まなかったのです。

それが、戦国時代になると、事情が変わってきます。各地に武田・上杉・今川・北条のような強力な戦国大名が成立してきました。そして、彼らのもとで大規模な治水工事が進められるようになりました。山梨県の釜無川《かまなしがわ》と御勅使川《みだいがわ》の合流点にある信玄堤《しんげんづつみ》（戦国時代の名将武田信玄の名を冠した堤防）はその一例です。

さらに、江戸時代には、江戸幕府という、戦国大名よりも格段に強力な統一政権のもとで、全国的に大規模な治水工事を実現し得る条件が整いました。また、築城や鉱山開発の技術を転用することによって、治水技術も発達していきました。加えて、戦国の争乱が終息し、それまで戦争に投入されていた資金や労働力を治水工事に充てられるようになったことも大きく影響しました。平和の下でこそ、生産力は発展するのです。

こうして、江戸幕府や各地の大名らによって、大規模な治水工事が実施されていきました。とりわけ、東日本の広い沖積平野（関東平野・越後《えちご》平野など）に大量の耕地が新たに造成されました。今日私たちが目にする、平野に見渡す限り稲穂が揺れる田園風景は、江戸時代以降につくられたものなのです。この「大開墾時代」は、おおよそ寛文《かんぶん》年間（一六六一〜一六七三）くらいまで続きました。

・江戸時代における治水の工夫

大規模な治水土木工事の具体例として、利根川の流路変更があげられます。関東平野を流れる利根川は、一六世紀までは江戸湾（東京湾）に流れ込んでいましたが、一七世紀に下総国関宿《しもうさのくにせきやど》付近において利根川の本流を東に付け替えて、現在のように銚子《ちょうし》で太平洋に注ぐようにしました。この工事によって、江戸周辺の洪水の危険が減少するとともに、水上交通が発達し、さらに関東平野に広大な水田が開発されました。

このように、戦国時代後期から江戸時代前期（一六世紀後半から一七世紀頃）における大規模な治水工事の実施によって大河川の流路が安定し、その流域の耕地開発が本格的に進められました。これが、一七世紀における耕地面積の増加をもたらしたのです。耕地面積の増加は、そこで生産される農産物量の増加を意味します。農産物の生産量が増えれば、それだけ多くの人口を養うことができます。そのため、耕地面積の増加にともなって人口も急増しました。すなわち、「大開墾時代」「人口急増の時代」が実現した背景には、大規模治水工事が存在したわけです。人と水との関係の変化が、社会の大変革につながったといえます。

そして、何と言っても、戦国の乱世が終わって平和が訪れ、百姓たちが農作業とその環境整備に専念できるようになったことが重要でした。幕府や大名による治水工事といっても、武士自身が工事現場に出て汗水たらして働くわけではありません。幕府や大名は工事を計画・立案して指揮をとり、工事費用も負担しましたが、実際に作業に当たるのは百姓たちでした。そして、治水工事を受けて、流域の耕地開発に励み、耕地面積を増やしたのも百姓たちに他なりませんでした。

一七世紀における大量の耕地開発は、百姓の戸数の増加をもたらしました。耕地の増加と農業生産力の発達によって、より多くの百姓家族が暮らしていけるようになりました。そこで、分割相続による分家が生まれ、また特定の百姓家に従属していた人々が自立した経営を営むようになるなどして、村の百姓戸数が増えていきました。

その結果、夫婦とその子どもたち、場合によっては夫の両親をも加えた二世代、三世代家族が、五反《たん》（約〇・五ヘクタール）～一町《ちょう》（約一ヘクタール）前後の土地を所持して、家族の労働で耕作に励む小経営（小百姓《こびゃくしょう》）が、村の多数を占めるようになりました。これが、一七世紀にみられた村の大きな変化でした。

沖積平野における耕地開発は、人々に大きな恵みをもたらしましたが、洪水の危険がなくなったわけではありません。江戸時代の技術水準では、大河川の氾濫を完全に防止することは不可能でした。人々は、それを承知のうえで、豊かな恵みを得ることを選択したともいえます。江戸時代の百

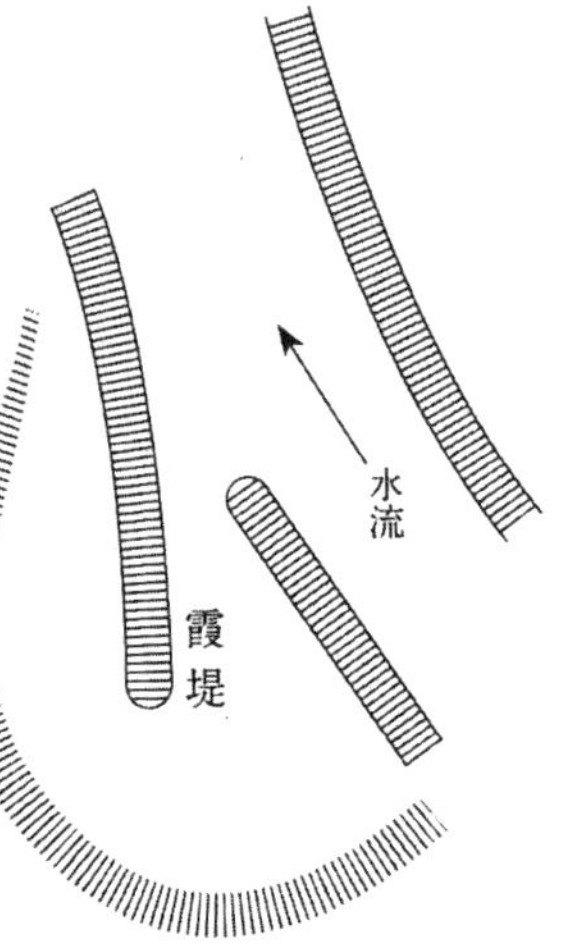

図2　霞堤のしくみ
拙著『百姓たちの水資源戦争』より転載

姓たちにとっては、初めからゼロリスクということはあり得ず、時には暴威を振るう川とどう折り合いをつけて暮らしていくかが課題でした。

洪水を防ぐには河岸《かがん》に堤防を築くわけですが、堤防の造り方にも江戸時代人の工夫がみられました。江戸時代の代表的な治水工法に、霞堤《かすみてい》や洗い堤《づつみ》と呼ばれるものがありました。

霞堤は、不連続の堤防を、一部が重なるようにしていくつも並べたもので、堤防と堤防の間には開口部があります（図2）。増水時には、水はこの開口部から緩やかにあふれ出ます。そのため、堤防に沿った一部の土地は冠水しますが、堤防の全面決壊による大規模な洪水被害は免《まぬが》れることができます。冠水しても大過ない土地だけを冠水させるのであり、そこには人家などは作りませんでした。

これは増水を一〇〇パーセント遮断するのではなく、意図的に一部をあふれさせることで水の勢いをそぎ、被害をあらかじめ想定された範囲内にとどめる工夫です。自然を押さえつけるのではなく、巧みに折り合いをつける技術だといえるでしょう。さらに、川に近い堤防からあふれた水を、後ろ側の堤防で防いで、水を開口部から再び川に還流させる効果にも大きいものがありました。

また、洗い堤は、堤防の高さをわざと一定限度に抑えるものです。そのため、小規模な増水は完全に食い止めることができますが、大規模な増水は堤防を越えてあふれ出ます。このとき、霞堤の場合と同様、堤の周囲に一定の被害は生じますが、水をあふれさせることによって、かえって堤防の決壊による大惨事を免れることができます。これも、自然の力の大きさを認めて、それを受け流す知恵の一つです。

そして、流域村々では盛り土をしてその上に家を建てたり、あらかじめ避難用の舟を準備したりして、被害の軽減を図ったのです。

・水によって結びつく村々

ここまで治水について述べてきましたが、治水は百姓にとって最終目的ではありません。百姓たちの願いは、治水工事によって水害を防いだうえで、流域に耕地を開発し、そこで継続的・安定的に農業を営むことでした。治水は、そのための前提条件づくりだったのです。そして、安定的に農業を継続していくためには農業用水の確保が不可欠でした。

一八世紀前半の全国の総耕地面積は約二九六万町で、そのうち田が約一六四万町、畑が約一三二万町でした。田一・二五対畑一の比率となります。水田稲作農業が基幹的位置を占めていたのです。稲作には、もちろん水が不可欠です。しかし、降雨だけに頼って稲作ができる田は少なく、何らかのかたちでの灌漑が必要でした。そこで、次に灌漑について述べましょう。

明治四〇年（一九〇七）の全国統計によれば、灌漑用水源のなかでは、河川が六五・三パーセントを占めて第一位、溜池《ためいけ》が二〇・九パーセントで第二位でした。ただし、地域的な特徴があり、河川灌漑は東日本に多く、埼玉県では八二・〇パーセント、新潟県では七四・六パーセント、岩手県では七三・六パーセントを占めていました。

一方、溜池は瀬戸内海沿岸の四国・中国地方や大阪府・奈良県などに多く、香川県では用水源の六七・三パーセント、奈良県では五六・七パーセント、大阪府では四六・五パーセントが溜池でした。なお、その他の用水源としては、泉五・四パーセント、井戸一・三パーセント、湖沼一・〇パーセントなどとなっています（喜多村俊夫『日本灌漑水利慣行の史的研究　総論篇』）。

江戸時代には、数百町から数千町、ときには一万町を超える灌漑面積をもつ長大な用水路が建設されました。中世までの用水路と比べて、格段に大規模なものになったのです。一八世紀前半に、武蔵国《むさしのくに》（現埼玉県・東京都）東部に造られた見沼代《みぬまだい》用水路は、二万三〇〇〇町におよぶ水田を灌漑していました。

用水路の形状としては、まず河川から幹線用水路が分かれ、そこからさらにいくつかの支線用水路が枝分かれして、各村に流れ込むのが一般的でした。用水路は樹枝状に末広がりになっており、複数の村々が幹線用水路からの水を共同利用していました。そのため、上流の村が必要以上に取水すると、下流の村々が用水不足になる恐れがありました。そこで、用水系をともにする村々が連合して用水組合（水利組合）をつくり、水の引き方や水路の維持・管理方法などを取り決めて、円滑な用水利用を図ったのです。

用水組合は、村を単位とする、用水の円滑利用を目的とした組織です。支線用水路の水を共同利

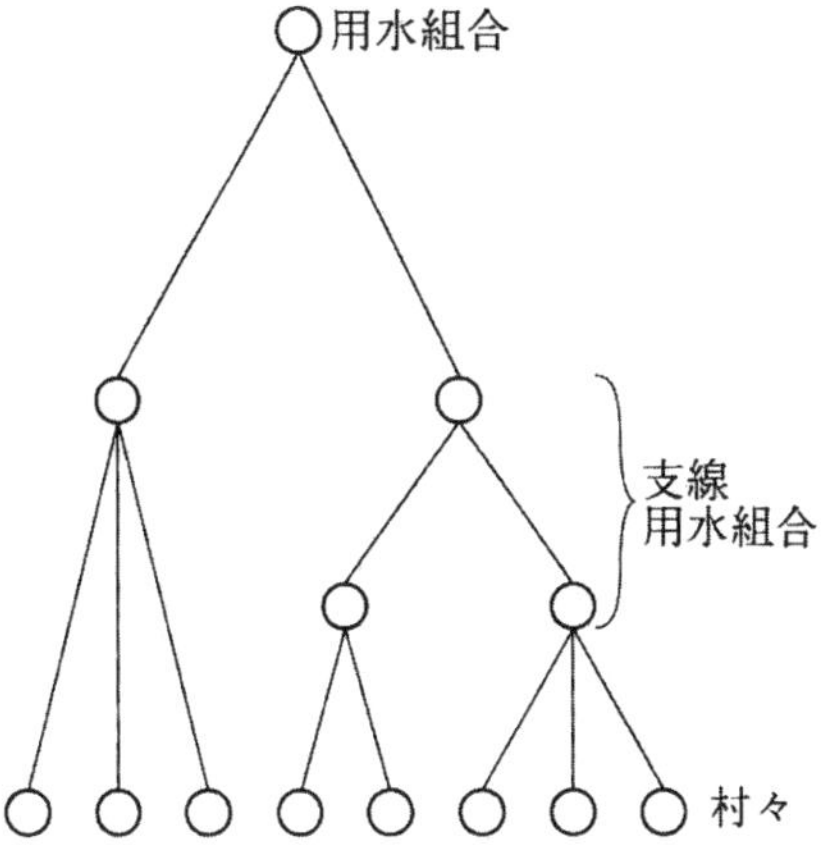

図３　用水組合の組織構成の概念図
それぞれの村が、幹線・支線の用水路を共同で利用する村々とともに、重層的に用水組合をつくっています。
拙著『百姓たちの水資源戦争』より転載

用する村々が組合をつくり、さらに支線用水組合がいくつか集まって、幹線用水路全体の組合をつくりました（図３）。樹枝状に枝分かれする用水路の形状に対応するかたちで、用水組合の組織構造が形成されていました。百姓たちは、村を通じて、こうした広域の水利システムに組み込まれることによって、はじめて円滑に農業生産を行なうことができたのです。

　用水組合の基本的機能は、用水施設の維持・管理と、用水の適切な配分でした。用水路の維持・修復や用水組合の運営に関わる諸経費は、組合村々が分担して負担しました。

　河川から用水路に取水する地点には、堰《せき》を設けます。堰とは、取水や流量調節の目的で、いったん水の流れを堰き止めるために、岸から川中に張り出した構造物のことです（図４）。

　江戸時代には、堰の材料には木材・石・土俵（土を詰めた俵）などが用いられました。これらを使った堰では、現代の鉄やコンクリートの堰のように、水を完全に堰き止めることはできず、堰の隙間から水は下流に漏れ流れていきます。これは、江戸時代の工法の限界というよりも、むしろそれによって下流にも水が供給されたのです。

　堰の構造（水を堰き止める方法や、堰の材料など）は、堰を通過して下流に流れる水量を規定し

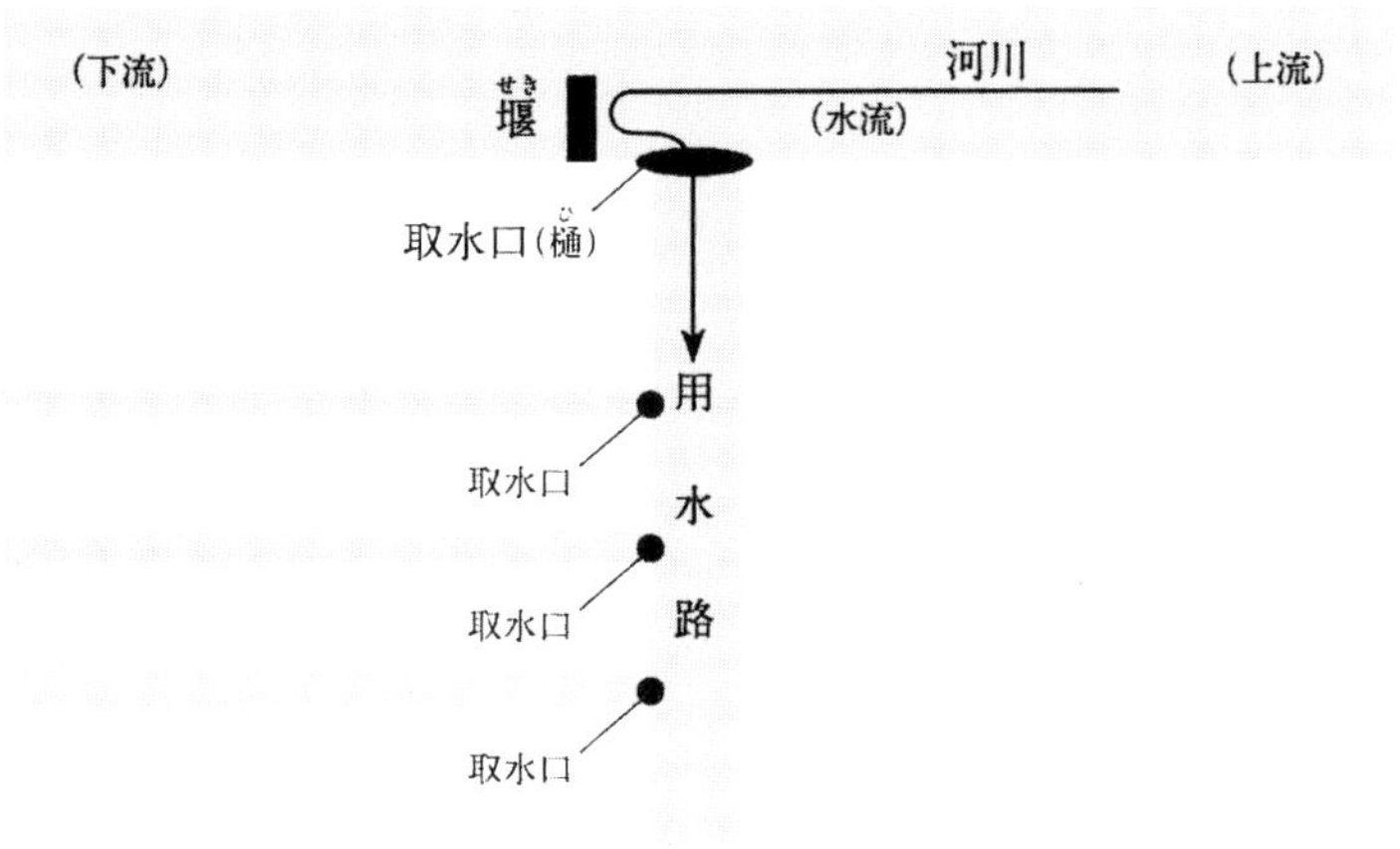

図４　用水路への取水のイメージ
拙著『百姓たちの水資源戦争』より転載

ます。下流の村は、上流部の堰を通って流れてくる水をまた堰き止めて利用するわけですから、上流部の堰の構造については常に多大の関心を払っていました。したがって、堰の構造は、上流と下流の村同士の長年にわたる交渉と抗争の結果、一つの慣習・先規として定まってきた場合が多いのです。

一つの河川に複数の堰があり、上流と下流のそれぞれの堰から取水する複数の用水組合がある場合には、上流にある堰の構造を工夫することによって、用水組合相互の水配分を調整しました。上流の堰をあまり堅固に造ってしまうと、水がそこで堰き止められて下流に行かなくなってしまうので、適当な量が堰を通って下流の堰まで流れるような工夫が求められました。そのためには、大きな石で堰を造って隙間から水が流れるようにしたり（小さな石をきめ細かく積んで堰を造ると、堰を通過する水量が減ってしまいます）、川に張り出す堰の長さを一定限度内に抑えたり、堰の高さを制限することで堰の上端を越えて必ず下流に一定量の水が流れるようにしたりと、いろいろな方法がとられました。

それでも、渇水時には背に腹は代えられず、上流の堰から取水する村々が堰を補強して水を独占しようとしたり、それに反発した下流の村々が実力で堰を破壊して下流に水を流したりといった具合に、激しい対立が生じることもありました。用水をめぐる争いの原因で多いのは、上流の村々が自村に都合のいいように堰の構造を変更し、そのために下流の村々が用水不足に陥ることによるものでした。

また、用水組合や各村ごとに取水時間を決めて交互に取水したり（これを番水《ばんすい》といいます）、川や用水路の中に構造物を設けて、物理的に水流を分割したり(これをと分水《ぶんすい》といいます)することも、よく行なわれました。分水では、川の中に石や木杭を設置して水流を二分したりしたのです。順番に取水するから番水、水を物理的に分けるから分水というわけです。

用水組合を構成する村々の関係は必ずしも対等平等ではなく、そこには何らかの格差が存在する場合が多くみられました。共同は、必ずしも平等を意味しなかったのです。

河川灌漑の場合、河川から用水路に水を取り入れる取水口にもっとも近い所にある村が優越的な地位を占めるケースがよくありました。取水口に近い上流の村は、取水上有利な地理的位置にありますから、それだけ強い発言権をもつのは自然の成り行きです。用水路の分岐点にある村も、地理的に有利な位置にあったといえます。

用水路の開設にあたって特別な貢献があった村や、開設に尽力した人物の居住する村が、その後も特権を維持し続けることもありました。また、用水組合村々の中で経済的に有力な大規模村や、政治的中心となっている村が、用水利用においても有利な地位を占める場合もみられました。さらに、用水組合に最初から属していた村と、途中から加わった村との格差など、歴史的経緯に基づく格差もありました。こうした格差は、大きな流れとしては解消の方向に向かいましたが、格差が近代以降まで存続したり、新たな格差が生じたりする場合も少なくありませんでした。

・水争いはなぜ起こったか

江戸時代には、用水をめぐって、各地で争いが繰り返されました。今でも、互いに自己主張して譲らず、延々と言い争うことを「水掛け論」といいますが、これは百姓たちが水をめぐって互いに一歩も譲らず争ったことからきた言葉です。

また、「我田引水《がでんいんすい》」という言葉もあります。これは、物事を、自分の都合のいいように言ったりしたりすることですが、これも百姓たちが自分の田にだけは水を入れようとする姿勢からきたものです。

このように、百姓たちにとっては用水の有無は死活問題であり、用水の確保をめぐって村同士で時には激しい争いが起こりました。水争いの原因としては次のようなものがあげられます。

①堰の構造をめぐる争い・・・これについては前述しました。

②樋《ひ》の形態をめぐる争い・・・樋には、河川から取水した水を先へ送る長い導管を指す場合と、取水口に設けられた水門を指す場合があります（図４）。いずれにしても、その形態は取水量に大

きく影響します。導管としての樋を大きいものに変えれば、それだけ多くの水を通すことができますから、それを利用する用水組合には有利になりますが、下流の用水組合には不利になるといった具合です。したがって、樋の形態の変更は村々の争いの原因となりました。

③川浚《かわざら》いをめぐる争い・・・河川や用水路の川底の土砂を浚渫《しゅんせつ》する川浚いは、これを定期的に行なわなければ、水底に土砂が溜まって流れが悪くなり取水に影響するので、必ず定期的に行なう必要がありました。しかし、場合によっては、これも村々の争いの火種になりました。

たとえば、上流の村々が、自分たちが使う用水路の取水口により多くの水が来るように川底を深く浚ったため、下流の村々と争いになることがありました。これは、自分たちに有利な仕方で川浚いをしたことによって争いになったものですが、逆に上流の村々が定期的に川浚いをしなかったために、下流への水流が滞ってしまい、それが原因で争いになることもありました。また、川浚いに出す労働力や費用の負担方法をどうするかも、争いの原因となりました。

④番水をめぐる争い・・・番水とは、村々が時間を決めて交互に取水することです。これは、村々間の公平な取水のための有効な方法ですが、各村の取水時間や、取水の順番をめぐって争いが起きることもありました。

⑤分水施設の設置形態をめぐる争い・・・分水とは、川や用水路の中に構造物を設けて、物理的に水流を分割することです。分水をめぐる争いには、既存の分水方法が公平かどうかをめぐるものや、時間の経過による分水施設の形状変化をめぐるものなどがありました。後者には、分水のために川の中に設置した石が、時とともに徐々に、あるいは洪水によって、動いたり傾いたりしてしま

い、水の配分割合が以前とは異なってしまったために争いになったケースなどがあります。

⑥河川の両岸にある堰同士の取水争い・・・川の両岸からそれぞれ堰が川中に張り出しているときには、より上流の堰のほうが取水には有利になります。そこで、下流の堰を利用する村々は、堰の位置を対岸のそれよりもさらに上流に付け替えて、より有利な条件で取水しようとすることがありました。

川の同じ側にある堰同士ではこのような露骨な行為は少なかったのですが、対岸の場合にはこうしたことが行なわれることがあり、堰の付け替えをめぐって争いになる場合もありました。

⑦耕地開発（開墾）と用水確保の矛盾・・・耕地を増やしたいというのは、百姓たちの強い願いでした。また、領主にとっても、耕地の増加は年貢の増収につながりましたから、領主も耕地開発を奨励しました。

その一方で、新しく耕地が開発されると、その分だけ多くの用水が必要になりますから、従来からある田が水不足になる可能性が出てきます。そこで、新田開発と用水確保のバランスをどう取るかをめぐって、争いが起こりました。

以上述べたように、江戸時代にはさまざまな理由で多くの水争いが発生しました。ときには、それが対立する村同士の暴力沙汰になる場合もありました。江戸幕府は、こうした水争いにどのような方針で対処したのでしょうか。

江戸幕府は、まず村々の百姓による武力行使を厳禁しました。幕府は、江戸時代初期の慶長《けいちょう》一四年（一六〇九）の法令で、「山や水をめぐる争いの際に、弓や鉄砲を用いて武力行使をする者がいたら、その者が住む村全体を厳罰に処する」と定めました。水争いを実力行使によって解決しようとすることを厳禁し、争いは平和裡に解決すべきものとしたのです。この基本方針は、江戸時代を通じて変わりませんでした。

幕府のもう一つの基本方針は、用水の利用に関してはできるだけ村々の自主管理に委ねて、直接の関与を避けるというものでした。村々が自主的に解決できない紛争が生じたときに、はじめて判断を示したのです。ただし、渇水などの非常時には、幕府役人自ら用水の配分を行ない、村々の争いを未然に防ぐこともありました。

こうした幕府の姿勢もあって、管理を中心的に担った村側の担当者の責任は重大でした。『耕作《こうさく》噺《ばなし》』（江戸時代の農業技術書）には、庄屋の第一の務めは、年貢徴収ではなくて、用水の確保・管理であると書かれています。用水路の維持や用水の適切な分配のために、庄屋などの村役人のほかに専任の担当者を置く場合も多くみられました。

江戸時代に全国各地で水争いが多数起こったことは事実ですが、同時に争いを解決し、用水の平和的な利用を回復するための努力が重ねられ、そのための知恵と工夫が発揮されました。争いを未然に防ぐための、公正・公平なルール作りも進められました。こうした百姓たちの粘り強い取り組みによって、水を紐帯《ちゅうたい》にした、村を越えた地域社会の結びつきが強まっていったのです。

・水が村と百姓の個性をつくる

ここまでは、江戸時代における百姓と水の関係のうち、治水をめぐる諸問題と、農業用水の利用をめぐる村同士の結びつきと対立について述べてきました。今度は、個々の村の内部における水利用について述べていきましょう。

江戸時代には、水や林野などの自然資源は、すでに無尽蔵《むじんぞう》にあるというものではなくなっていました。新たな耕地の開発にともなって、資源の希少化が現実のものとなり始めていたのです。耕地は林野を切り拓いて造成しますから、耕地が増えればその分林野は減少します。また、耕地が増えればそれだけ必要な農業用水量も増加するので、水不足が起こりやすくなります。

そうしたなかで、村は、自然資源を維持し、永続的に利用するために重要な役割を果たしていました。村は、水や林野の適正な利用秩序を定めることによって資源の過剰収奪を防ぎ、また資源維持に必要な労働を投下することによって環境保全を実現していたのです。ただし、林野は個々の家に分割できますが、水利灌漑施設は分割することができません。そこに、水と林野の違いがありました。

江戸時代の村は、開放性と閉鎖性の両面をもっていました。村は用水利用の単位としての一体性をもっていましたが、それは自己完結したものではありませんでした。村はほかの村々と共通の用水路を利用している場合が多く、そこでは村々が用水組合をつくり、協議して公平な用水利用を実現する必要がありました。すなわち、村にはほかの村々と連合・協力するという開かれた性格（開放性）が備わっていたのです。

その反面、渇水時《かっすいじ》などには、村人たちが一致団結して、利害の反する村と水をめぐって激しく争いました。村のなかにも村人同士の利害対立はありましたが、村が用水利用の基礎単位だったため、ほかの村との争いの際には、村人たちが一致団結し、村の求心力が強まったのです。村人たちは、一面では「敵がいるから結束する」という関係でした。また、水は村人たちが個よりも集団（村）の利害を優先するような集団主義的考え方を強める要因でもありました。ここに、村の閉鎖性・排他性が表れています。

用水路は、放っておけば土砂が堆積したり、木の枝や草が繁ったりして、流れが悪くなってしまいます。そこで、毎年、水底を浚ったり、用水路に張り出した木の枝や草を刈ったり、崩れた箇所を補修したりといった作業が必要になります。こうした用水路の保守に必要な労働は、村人たち自らが担っていました。村内を流れる用水路の維持・管理の責任主体は村であり、用水組合の基礎単位も村でした。個々の百姓家は個別に用水組合の構成員になっていたのではなく、村の一員として、村を通じて用水組合に所属していたのです。村なくして、安定的な用水利用は不可能だったといえるでしょう。

用水路の保守に要する労働力の割り当て基準としては、多くの村で、一戸から一人ずつといったように、各戸均等の割り当て原則を採用していました。村の各戸の所有耕地面積には差がありましたが、皆同等の労働力を提供したのです。これは、純粋に経済的な観点からすれば不平等なやり方だといえますが、そこには、村の一員として「村の水」を利用している以上は、所有面積の違いに関係なく、同等の負担をすべきだという考え方が存在していました。所有面積の少ない家も、多い家と対等に扱われていたともいえます。これを、不平等とみるか平等とみるかは、観点の相違だといえるでしょう。

なお、村が用水利用の単位であるというのは一般原則ですが、個々の村をみると、村ごとの個別事情によって多様なあり方が存在しました。たとえば、村のなかに複数の用水路がある場合、それぞれの用水路を利用する家々がその維持・管理を担当するというように、村内が水利用の面でいくつかのグループに分かれている場合もありました。また、畑作物の栽培に要する水を井戸や雨水に頼っている場合、用水路の維持・管理費用を田の所有者だけが負担して、畑のみの所有者は負担しないというケースもありました。ここには、受益者負担主義的な考え方がみてとれます。村々は、それぞれが置かれた自然的・社会的条件に応じて、それに適合的な水利用形態を工夫していたのです。

・「田越し灌漑」とは何か

江戸時代の百姓たちは、自家の都合だけで、各種農作業の時期や作付け作物の種類を決めることはできず、村全体のルールに従う必要がありました。

江戸時代には、一枚一枚の田が水利上、独立していませんでした。個々の田が、個別に用水路から取水する仕組みにはなっていなかったのです。どうなっていたかというと、「田越《たご》し灌漑」という方法がとられていました。図5を見てください。これは、用水路の脇に、五枚の田が並んでいる

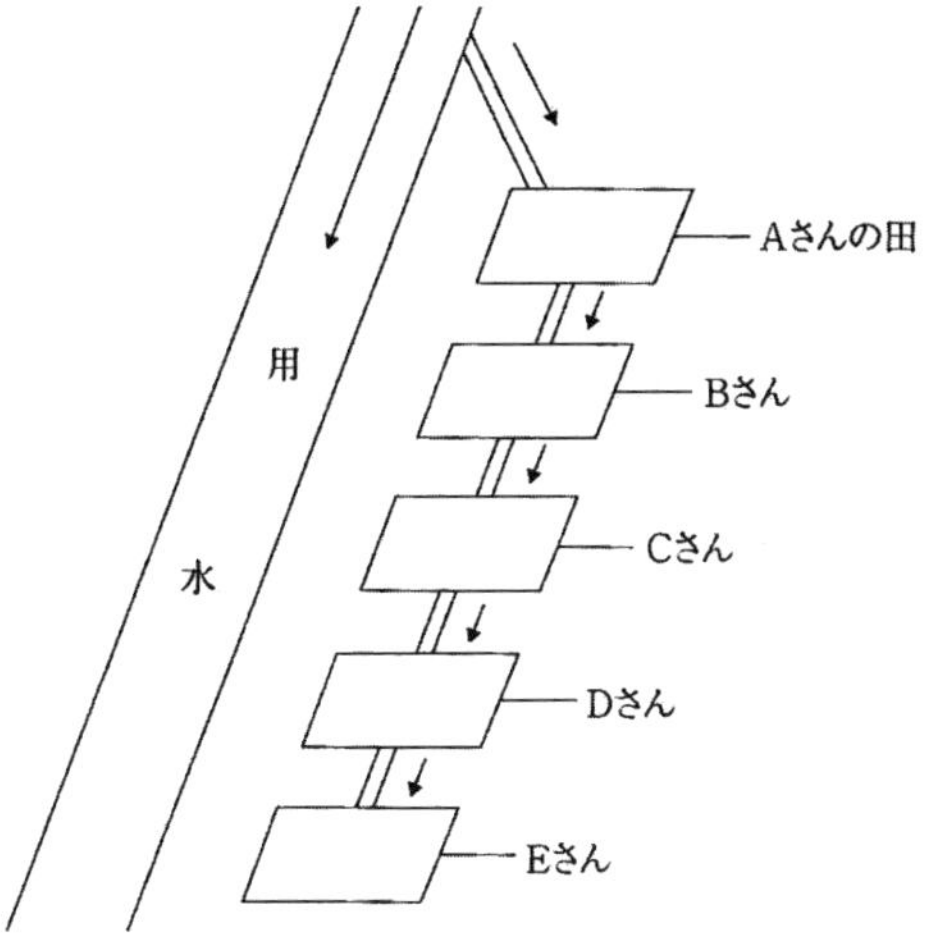

図5　田越し灌漑の概念図
拙著『川と海からみた近世』より転載

ところを示したもので、水は図の上方から下方へと流れています。田の持ち主を、上流側から順にA・B・C・D・Eとします。したがって、Aさんの田が相対的に一番高い所にあります。

用水路から取水するとき、それぞれの田に直接引水できれば一番都合がいいわけです。しかし、江戸時代の技術力水準では、それが困難な場合が多かったのです。そこで、以下のような方法が採られました。まず、比較的高い所にあるAさんの田に用水路から水を引き入れます。そして、Bさんの田へは、Aさんの田を通して水を送ります。Aさんの田とBさんの田を区切る畦《あぜ》に水路を開けたり、トンネルを通したりするのです。同様に、Cさんの田へはBさんの田を通して水を入れます。さらに、Cさんの田からDさんの田へ、Dさんの田からEさんの田へと水を送っていきます。

すなわち、比較的高い所にある田から隣接するより低い田へと順々に水を落としていく方式です。一枚の田は、隣の田から畦越しに水を貰い、さらにそれを隣の田へと流していくのです。これが「田越し灌漑」であり、江戸時代の技術力水準のもとで広く採用された灌漑方法でした。

田越し灌漑によって、村人の間にはいかなる関係が生じたでしょうか。田越し灌漑は、個々の田の非独立性をもたらしました。田越し灌漑のもとでは、一枚の田に、いつ水を張り、いつ田植えをするかは、その田の持ち主が一存で決めることはできませんでした。たとえば、Bさんが田植えをするとき、当然田には水が張られていなければなりません。しかし、Bさんの田に水を張るには、その前にAさんの田に水が張られている必要があります。Aさんの田に水が張られたあとで、その水がAさんの田を通ってBさんの田に来るからです。したがって、Bさんが田に水を入れ、田植えをする日取りは、それらについてのAさんの日取りによって決まってきます。Bさんは自分の都合だけで、農作業の日程を決めることはできないのです。

同様に、Cさんの農作業の日程はAさんとBさんのそれに、Dさんの農作業の日程はA・B・C各家のそれに規定されることになります。このように、田越し灌漑のもとでは、上の田からいつ水が来るかによって、下の田の田植え時期が決まってきます。したがって、隣り合う何枚かの田の持ち主が、日程を調整して田植えを行なう必要があり、そのためには上下に隣接する田の持ち主がよく相談しなければなりませんでした。

それでも、一軒の家が所有する田が一か所にまとまっていれば、少しはやりやすかったでしょう。上の田も下の田も自分の所有地ならば、自分だけの判断による引水が可能だからです。けれども、実際にはそうはなっていませんでした。各家の所有する田は、村のあちこちに少しずつ分散しているのが普通だったのです。これを「分散錯圃制《ぶんさんさくほせい》」といいます。各家の所有耕地（圃場《ほじょう》）が村内各所に分散し、家々の耕地が相互に錯綜しているということです。

分割相続や耕地の売買・譲渡などの繰り返しによって、「分散錯圃制」は歴史的に形成されてきました。また、「分散錯圃制」にはメリットもありました。所有耕地が村内の各所に分散していることで、災害に遭う危険も分散させることができたのです。たとえば、Aさんが、村内の川沿いと山際《やまぎわ》に耕地を所有しているとしましょう。すると、洪水の際には、川沿いの耕地は被害を受けますが、山際の耕地は被害を免れることができます。山崩れの際には、山際の耕地は被害を受けても、川沿いの耕地は被害を逃れられます。いずれの場合も、収穫が皆無という最悪の事態は避けられるのです。

また、各所に分散した耕地にそれぞれ異なる作物・品種を作付けすることによって、危険の分散のみならず、農業経営の幅を広げることができます。所有地の分散は一面で不便なこともあったため、百姓たちは、時には互いの所有地を交換するなどして、所有地を自家の屋敷の周囲にまとめようとすることもありましたが、上記のようなメリットもあったため、江戸時代を通じて多くの村で「分散錯圃制」が維持されたのです。耕作機械を用いず、鍬《くわ》や鎌などの農具によって行なわれた江戸時代の農業においては、小規模な耕地が各所に散在していてもそれなりに耕作できました。また、仮に「分散錯圃制」を解消しようとしたとしても、複雑な所有関係を大幅に改変することは現実には困難でした。

話を、田越し灌漑に戻しましょう。田越し灌漑と分散錯圃制に規定されて、江戸時代の用水は「村の用水」であって、「家の用水」「個人の用水」ではありませんでした。図5に示したような関係は、村内のいたる所に存在していました。村内各所で、田越し灌漑で結びついた田の所有者同士が話し合って、毎年の農作業のスケジュールを調整していたのです。こうした田越し灌漑によるつながりは網の目のように広がって、村全体を覆うものになっていました。

田植えだけではありません。地目《ちもく》の変換も、所有者の一存ではできませんでした。たとえば、図5で、Cさんが菜種の高価格に目を付けて、田を畑に転換して菜種を栽培することを考えたとしましょう。しかし、Cさんの田が畑になれば、Cさんの田を通して水を入れていたDさんとEさんの田には水がこなくなります。水田が維持できなくなるのです。そこで、DさんとEさんが水田を維持しようとしてCさんの計画に反対すれば、Cさんは田を畑に転換することを断念しなければなりません。Cさんの田はCさんの所有地ではあっても、Cさんの一存でその利用形態を変えることはできず、隣接する耕地所有者の合意が不可欠だったのです。田越し灌漑は、一面では、百姓の農業生産上の自由度を制約する枠組みでした。

・百姓にとって水は絆であり鎖でもある

以上みたように、農業用水は最終的には各家が利用するわけですが、それはあくまでも村の水を村のルールに従って利用するものだったのです。水は、村人たちを結びつける絆であり、また拘束する鎖でもありました。百姓たちは、隣接する耕地の所有者同士、ひいては村全体で緊密に結びつき共同歩調をとらなければ、日々の農作業を円滑に行なうことはできませんでした。水利用のあり方が、「個人の意見を強く主張するよりも、自分の属する集団の和を乱さないことを優先する」というような、百姓たちの集団主義的心性をつくり出したといえます。こうした心性は、今日まで引き継がれています。

村人たちは、それぞれに自家の農業経営の発展を望んでいました。私的利益の追求者として、日々経営改善に知恵を絞り、工夫を重ねていました。その点では、ほかの村人たちは皆ライバルでした。「隣の不幸は鴨《かも》の味」（隣家の不幸をみるのは、絶品の鴨料理を味わうように快い）という言葉は、それをよく表しています。しかし、その一方で、村人たちは一致協力して、村の農業環境の維持・改善に取り組みました。一見矛盾するようですが、ライバル同士が団結していたのです。その秘密は、用水にありました。

水田は、用水路から水を引き入れなければ、水田としての機能を果たしません。そして、用水路は個々の百姓の専有物ではなく、村全体の共有物でした。用水路を流れる水も「村の水」であり、村全体のルールのもとでのみ利用することができました。そして、田越し灌漑が村人同士の結びつきをさらに強めたのです。

したがって、農業経営の発展にとって不可欠な用水路の維持・管理、さらにはその改善は村ぐるみで行なうことになります。経営を発展させ私的利益を追求するためには、その前提として、用水利用における村全体の共同が不可欠だったのです。村全体で結束することなしには、私的利益は実現できませんでした。村の和を乱して自家の利益だけを追求する行為は、結局ほかの村人たちの反発を招いて失敗することになります。したがって、村の和を尊重し、その範囲内で自家独自の工夫を凝らしたのです。私的利益は、共同の利益と密接に結びついており、これがライバル同士が団結する要因でした。

この点では、地主も同じ条件下にありました。彼らは、所有地の一部を小作人《こさくにん》に貸して耕作を任せ、そこから小作料を得ていました。そこで、確実に小作料を得ようとすれば、小作地に安定的に用水を確保しなければなりませんでした。地主には、小作人の耕作条件を保障する責任があったのです。そして、小作地に引く水もやはり「村の水」でしたから、用水利用の面では、地主も一般の村人たちと利害関係を同じくしていました。

そこで、彼らは率先して水利環境の維持・改善に努めるなどリーダーシップを発揮したのです。ここでも、私的利益と共同の利益とは表裏の関係として一体化していました。江戸時代には、地主が私財を投じて村の用水施設の改善を行なった事例が各地にみられました。ただし、それは純粋な「慈善事業」ではありませんでした。村全体の水利環境の改善は、自家の収入増加につながっていたのです。こうして、地主が蓄積した富の一部は、水利への投資というかたちで村に還元されることになりました。村全体の利益を図るなかで私的利益を追求するというのが、地主を含めた村人たちの基本姿勢だったといえます。

以上述べたように、江戸時代の百姓と現代の都会人とでは、水との関わり方が大きく違っています。水との付き合い方は、時代によって大きく変わってきたのです。江戸時代の村は現代と比べればエコロジー社会だったといえますが、そこにも自然破壊や環境問題はあり、災害も村を襲いました。そうしたなかで、百姓たちは知恵を絞って、自然とのより良い付き合い方を模索していました。本章では、そうした努力の一端を、水の問題に絞って一般的なかたちで述べました。以上を前提としつつ、次章以降では、特に治水の問題に焦点を合わせて、松戸市域の具体的なあり方をみていきましょう。

第二章　江戸川の治水に取り組む

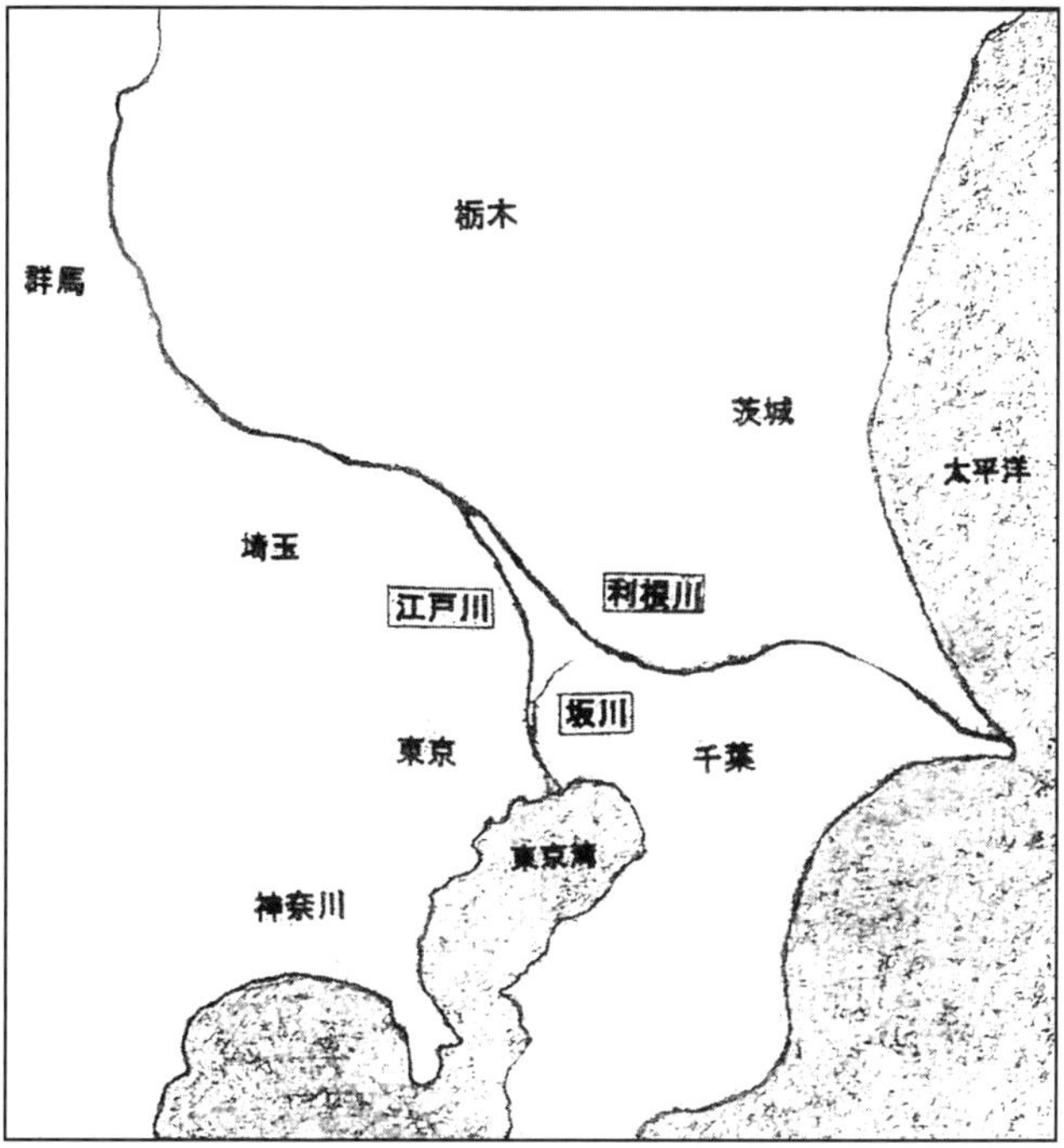

図6　江戸川・坂川・利根川
『下谷の歴史　干潟のゆくえ』より転載

・本章のテーマ

本章では、江戸川の治水について述べていきます。現在の江戸川は、茨城県猿島《さしま》郡五霞《ごか》町と千葉県野田市関宿《せきやど》の所で利根川《とねがわ》と分かれ、千葉県と埼玉県・東京都の境を流れて、東京湾に注ぐ一級河川です（図6）。流路延長約六〇キロメートル、流域面積約二〇〇〇平方キロメートルの大河です。江戸時代には、利根川と呼ばれることもありました。

江戸時代の江戸川は、水上交通路や農業用水源として重要な役割を果たしましたが、一方で大雨が降ると氾濫して、周辺村々に甚大な被害をもたらしました。そのため、流域の村々が協力して治水に当たるとともに、幕府の力も借りて水害防止に努めました。その具体的なあり方を、現松戸市域とその周辺の村々に焦点を合わせてみていきましょう。

・幕府の治水担当者

江戸川ほどの大河川になると、その治水対策は流域の村々の手に余ります。そこで、全国政権としての徳川幕府が江戸川の治水に関与することになります。

幕府の治水対策に携わる役職をみると、一七世紀から享保《きょうほう》年間の初め（一七一六～一七二〇年頃）までは、勘定所《かんじょうしょ》（勘定奉行《かんじょうぶぎょう》を長官とする役所）に属する郡代《ぐんだい》や代官（いずれも農政・民政担当の役職）が重要な役割を果たしていました。八代将軍徳川吉宗《よしむね》のとき、享保の改革の一環として勘定所機構の整備がなされ、享保九年（一七二四）に勘定所内に普請役《ふしんやく》という役職が新設されました。これ以降、普請役が幕府の行なう治水事業の実務において、代官とともに中心的役割を果たすようになりました。

普請役は、御家人《ごけにん》（下級の幕臣）のなかから選ばれた土木技術者です。水害の実地検分、流域の測量、普請《ふしん》（堤防の建設・補修など治水のための土木工事）の計画立案・経費見積り・実施などを担当しました。当初は関東地方が管轄範囲でしたが、享保一五年からは甲斐《かい》（現山梨県）・伊豆《いず》・駿河《するが》・遠江《とおとうみ》（以上、現静岡県）・三河《みかわ》（現愛知県）・信濃《しなの》（現長野県）・越後《えちご》（現新潟県）各国内の幕府領の普請も担当するようになりました。

普請役の人数は当初一二人でしたが、享保一三年に八六人（一説には一一二人）になり、さらにその後一三六人に増えました。延享《えんきょう》三年（一七四六）には六九人に減りましたが、その後明和《めいわ》五年（一七六八）に一一六人、天保《てんぽう》八年（一八三七）に一三六人と定員が増加しました。

・普請の種類

治水のための土木工事を、普請といいます。江戸時代の普請は、その担い手に着目すると、①公儀普請《こうぎぶしん》、②大名手伝普請《だいみょうてつだいぶしん》、③国役普請《くにやくぶしん》、④領主普請《りょうしゅぶしん》、⑤自普請《じふしん》の五種類に分けられます。

①公儀普請は、普請にかかる費用の全額を幕府が負担するものです。公儀普請が行なわれた事例は、わずかしかありません。

②大名手伝普請は、幕府が行なう普請を、幕府から指定された特定の大名が手伝うものです。普請の材料を幕府が負担し、材料の運搬や、普請現場で働く人足《にんそく》（労働者）の賃金などを、幕府から命じられた大名が負担するのです。たとえば、材木には幕府の直轄林に生えている木を使い、その伐採・運搬などは大名側で行なうというかたちです。費用的には幕府の負担は一部にとどまり、大部分は大名側が負担しました。安永《あんえい》四年（一七七五）からは、実際の普請は幕府勘定所が一手に行ない、大名は費用負担のみをするようになりました（幕府も費用の一部を負担します）。大名は金を出すだけで、実際の普請には携わらなくなったのです。

江戸川では、宝永《ほうえい》元〜二年（一七〇四〜一七〇五）に秋田藩佐竹《さたけ》家が幕府から手伝普請を命じられ、寛保《かんぽう》二年（一七四二）の洪水からの復旧工事の際には熊本藩細川家に手伝普請が命じられました。また、明和四年（一七六七）には、仙台藩伊達《だて》家に手伝普請が命じられています。

③国役普請は、幕府が、特定の国々の全域から普請費用を徴収して行なう普請です。大規模な普請の際に、幕府から指定された国々の住民全体に普請費用が賦課されたのです。ただし、幕府も費用の一割を負担しました。頻繁に洪水の被害を受ける流域住民の負担を軽減するために、直接被害を受けない地域の住民にも負担を分かち合ってもらう仕組みです。

国役普請は、享保五年（一七二〇）から享保一七年までと、宝暦《ほうれき》八年（一七五八）以降の時期に実施されました。なお、国役普請は二〇万石以上の大名の領内には適用されませんでした（大きな大名は自力で普請をせよということです）。

関東地方の江戸川・利根川《とねがわ》・荒川・鬼怒川《きぬがわ》・小貝川《こかいがわ》・烏川《からすがわ》・神流川《かんながわ》については、普請費用が金《きん》三〇〇〇両から三五〇〇両の間の場合は、幕府がその一割を負担し、残る九割が武蔵《むさし》（現東京都・埼玉県）・下総《しもうさ》（現千葉県）・常陸《ひたち》（現茨城県）・上野《こうづけ》（現群馬県）の四か国から徴収されました。費用が金三五〇〇両以上の場合は、上記四か国に安房《あわ》・上総《かずさ》（ともに現千葉県）二か国を加えた六か国に、費用総額の九割に当たる国役金《くにやくきん》が賦課されました。賦課される金額は、それぞれの普請によって異なります。普請ごとに、必要な金額が違うからです。普請費用が金三〇〇〇両未満の場合は、国役普請にはなりませんでした。

江戸川・利根川・鬼怒川・小貝川に関しては、享保六年閏《うるう》七月（江戸時代に使われた旧暦では閏月《うるうづき》がありました。享保六年の場合、七月のあとに閏七月が来て、一年が一三か月になったのです）の洪水にともなう復旧工事に当たって、享保七年に武蔵・下総・常陸・上野四か国から国役金が徴収されたのが最初です。享保年間には、享保九・一二・一三・一四・一六・一七の各年に、江戸川の国役普請が実施されています。江戸川流域では、この時期に連年水害が起こっていたのです。この各年の国役金は、いずれも武蔵・下総・常陸・上野四か国に安房・上総を加えた六か国に賦課されました。

一九世紀になっても、関東地方を対象とした国役普請はほぼ毎年行なわれました。ただし、そのすべてが松戸市域の江戸川に関わる普請だったわけではないと思われます。

以上の①から③は、全国政権としての幕府が、幕府領・大名領・旗本領の別にかかわらず、大河川の治水工事を主管するものです。

④領主普請は、それぞれの領主が、自分の領地内で河川の普請を行なうものです。幕府が幕府領の（幕府も領主の一員です）、各大名が自領の普請を行なうのです。その多くは、冬から春の農閑期に行なわれました。領主普請は毎年定例の普請がほとんどであり、その場合は定式《じょうしき》（定例のこと）普請といわれました。

領主が普請費用の全額を負担する場合もありましたが、領主と村（百姓）が負担を分担する場合がほとんどでした。領主普請のなかには、普請箇所が複数の領主の支配領域にまたがるものもありましたが、その場合は各領主が普請費用を分担しました。

享保一七年の幕府の規定では、①人足は村の石高一〇〇石につき五〇人までは村役《むらやく》（百姓の負担）、同じく五一人から一〇〇人までは領主が一人一日につき玄米七合《ごう》五勺《しゃく》を支給、同じく一〇一人以上は一人一日につき玄米一升《しょう》七合を支給する、②村で調達できる空き俵《だわら》・杭木《くいき》（杭に使う木）・竹・小枝は村役、金属・材木などの資材は領主の負担とされました。

五一人から一〇〇人までの人足に支給されるのは普請期間中の食糧代、一〇一人以上に支給されるのは食糧代プラス賃金という位置付けだったため、後者のほうが支給量が多くなっているのです。なお、このいずれも、現物の米ではなく、ときの米相場で換算して貨幣で支払われました。比較的小規模の普請の場合は百姓たちが無償で働き、一定以上の規模になると領主から食糧代や賃金が支払われたのです。

幕府領の場合、普請に必要な材木は幕府の直轄林や村々の山林から伐り出され、その伐採や運送に携わる者にも一人一日玄米七合五勺が支給されました。山林のない村の場合は、幕府が材木を用意しました。釘などの金属製品も、幕府が用意しました。一方、長さ九尺《しゃく》（約二・七メートル）以下の杭木・竹・縄などは村々が負担しました。

洪水などがあって例年以上の規模の普請が必要な場合は（これを「急破繕普請《きゅうはつくろいぶしん》」といいます）、すべての人足に一人一日玄米七合五勺の食糧代が支給されました。この場合は、すべての資材を幕府が用意しました。大きな被害を受けた村々の負担を軽減したのです。

⑤自普請は、普請の費用や労働力（人足）のすべてを村（百姓）側が自己負担するものです。用水路の川底に溜まった土砂の浚渫《しゅんせつ》や、用水路に架かる橋の架け替えなどの比較的小規模な普請は、自普請で行なわれたのです。

①〜③は広域にわたる大災害などの非常事態に際して実施されることが多く、④・⑤は毎年行なわれる定例の補修・修復作業のことが多かったといえます。①・②は回数が少なかったのに対して、③は毎年のようにどこかの河川で行なわれました。また、①〜④は、程度の差はあれ領主の費用負担があったので、「御」という敬語を付けて「御普請《ごふしん》」といわれました。

関東地方では、江戸川・鬼怒川・小貝川・下利根川《しもとねがわ》（利根川の下流部）が「四川《しせん》」といわれて重視され、普請役がその流域の治水工事（堤防の新設・修築など）や用水路・排水路の工事を管轄しました。坂川も、普請役の管轄範囲でした。

・江戸川の治水を担った村々

ここからは、松戸市域中心の話に入りましょう。現松戸市域の村々は、江戸時代を通じて江戸川の氾濫に悩まされました。そのため、江戸川の治水工事は流域村々にとって共通の重要課題でした。

江戸川は大河川なので、治水工事には幕府が直接責任をもち、勘定奉行配下の普請役《ふしんやく》たちが工事の指揮監督に当たりました。工事は、御普請で行なわれました。ただし、御普請の場合でも、実際に工事を行なったのは流域村々の百姓たちであり、流域村々の経済的負担も皆無ではありませんでした。

江戸川の堤防の構築・維持・修復などについては、江戸川東岸の四〇か村が小金領川除御普請《こがねりょうかわよけごふしん》組合《くみあい》（治水工事を行なうための村々の連合組織）をつくって、協力しながら工事を行ないました。

小金領とは、松戸市域とその周辺を含む広域地域呼称です。また、川除とは水害防止・治水のことです。この組合は、個人ではなく、村を構成単位としていました。村々は、江戸川の治水に関して幕府に頼りきりだったのではなく、連合組織をつくって主体的に治水に取り組みました。江戸川の洪水から家や耕地を守ることは、川から多少離れた村々も含めて、流域の村人たちにとって死活問題だったからです。

小金領川除御普請組合の村々を、以下にあげておきましょう（現松戸市に含まれる各村の位置については図7を参照）。

栗山《くりやま》村・下矢切《しもやきり》村・中矢切村・上矢切村・小山《こやま》村・○松戸宿・○大根本《おおねもと》村（根本村）・○竹ケ花《たけがはな》村・○上本郷《かみほんごう》村・○新作《しんざく》村・○中根村・○馬橋《まばし》村・○南花島《みなみはなしま》村・○二ツ木《ふたつぎ》村・○三ケ月《みこぜ》村・○幸谷《こうや》村・○大谷口《おおやぐち》村・○横須賀《よこすか》村・○鰭ケ崎《ひれがさき》村・○西平井《にしひらい》村・三輪野山《みわのやま》村・南村・谷津《やつ》村・貝塚村・北村・小屋村・中野久木《なかのくき》村・平方《ひらかた》村・○小金町《こがねまち》・小金横町《よこちょう》・○流山《ながれやま》村・○木村・○七右衛門新田《しちえもんしんでん》・○主《もん》水新田《としんでん》・○大谷口新田・○九郎左衛門《くろうざえもん》新田・○三村《みむら》新田・○伝兵衛《でんべえ》新田・○古ケ崎《こがさき》村・下花輪《しもはなわ》村

これらは、現松戸市・流山市などに属する村々です。

また、小金領川除御普請組合のうち江戸川近郊の低湿地に耕地のあった二五か村は、江戸川増水時の堤防決壊を協力して防ぐための組合（村々の連合組織）をつくっていました（これを中郷《なかごう》二五か村組合といいます）。上記の小金領川除御普請組合村々のうち、村名の前に丸印をつけた村が中郷二五か村組合の構成村です。各村が、五八九七間《けん》半（約一〇・六キロメートル）にわたる堤防についてあらかじめ受け持ち場所を決めておき、増水の際にはそこの決壊防止に当たったのです。

図７　現松戸市域の村々（松戸市立博物館作成）

二五か村のなかには、江戸川に接する村もあれば、川から若干離れた所にある村もありました。江戸川に接する村が自村の領域内の堤防を守るのは当然ですが、若干離れた所にある村も、堤防の一部分を受け持って、増水時にはそこに駆けつけて、地元村と協力して堤防を守りました。たとえば、幸谷村《こうやむら》は川沿いではありませんでしたが、川沿いの主水新田《もんとしんでん》の領域内にある堤防二〇〇間《けん》（約三六〇メートル）を受け持ち場所にしていました（伝兵衛新田を受け持ち場所にしていた時期もあります）。ひとたび江戸川が氾濫すれば、幸谷村の村人が江戸川の近くに所持している耕地はもとより、江戸川からやや離れた所にある幸谷村の家々も被害を受けたため、幸谷村の村人たちも堤防の決壊防止に努めたのです。

小金領川除御普請組合は、日常的・定期的に堤防の維持・補修・管理を行なうための組織であり、それに対して中郷二五か村組合は、氾濫の危険が迫るという緊急事態に際して、堤防を守るための組織でした。前者は平常時、後者は非常時に主に活動したのです。ただし、過半の村々はこの両方に参加していました。これらの組合村々が、幕府普請役の指示を受けつつ現場で作業に当たったのです。

中郷二五か村組合村々の受け持ち場所は、幕府の普請役によって決められました。流山村《ながれやまむら》（現千葉県流山市）から松戸宿《まつどしゅく》（松戸は水戸道中の宿場でした）に至る間の江戸川左岸（東岸）の堤防の総延長は五八九七間半《けん》（約一〇・六キロメートル）あり、各村は増水時には人足や資材（竹や俵など）を出して、担当場所の堤防の決壊防止に責任をもって当たったのです。享和《きょうわ》三年（一八〇三）八月時点における各村の担当場所は、以下のとおりでした。

堤防のある地元村	地元村に協力する村
流山村	西平井《にしひらい》村・鰭ケ崎《ひれがさき》村
木村《きむら》	鰭ケ崎村・九郎左衛門新田《くろうざえもんしんでん》・大谷口《おおやぐち》村・横須賀《よこすか》村
七右衛門新田《しちえもんしんでん》	九郎左衛門新田
主水新田《もんとしんでん》	馬橋《まばし》村・大谷口新田・三村新田《みむらしんでん》・南花島《みなみはなしま》村
伝兵衛新田《でんべえしんでん》	小金町《こがねまち》・幸谷《こうや》村・三ケ月《みこぜ》村・馬橋村・二ツ木《ふたつぎ》村
古ケ崎《こがさき》村	小金町
大根本《おおねもと》（根本）村	中根《なかね》村・新作《しんざく》村
松戸宿《まつどしゅく》	竹ケ花《たけがはな》村・南花島村・上本郷《かみほんごう》村

たとえば、松戸宿の領域内にある堤防については、地元の松戸宿が、竹ケ花村・南花島村・上本郷村とともに決壊防止に当たったのです。これを、江戸川に面していない村の側からみると、たとえば馬橋村は、主水新田と伝兵衛新田の領域内の堤防を、地元村やほかの村々と協力して守る義務を負っていたわけです。各村が出すべき人足・竹・俵の量は、あらかじめ決められていました。村々の担当場所は、時期によって変わりました。

享和三年八月には、流山村から松戸宿に至る江戸川流域一八か村が、幕府普請役に、水防の方法について、以下のような書面を差し出しています。

私どもの村は、以前からそれぞれの分担区域が定められ、分担区域における江戸川の堤防の維持・補修のために人足や俵を差し出してきました。俵については、前もって、地元村に協力する村から、地元村に差し出しておきます。

人足については、江戸川が増水したときにはすぐに分担場所に詰めて警戒に当たります。堤防が決壊しそうなときには、規定の人数にかかわらず、村人総出で決壊防止に努めてきました。

ほかの必要な資材はあらかじめ地元村で用意しておき、実際に使用した分だけあとで補充しておきます。その費用は、地元村に協力する村々で分担して負担します。

村々は以上のような方法で水防（決壊防止）に努めていたのです。そして、享和三年八月には、普請役から、江戸川沿いの数か所に資材小屋を建てて、そこに水防に必要な資材をあらかじめ用意しておくよう命じられました。そこで、村々が相談して、伝兵衛新田や古ケ崎村などに資材小屋を建てることを計画しています。村々の協力体制が整えられていったのです。

しかし、実際に氾濫の危険が目前に迫ったときには、自村だけは被害を免れたいという思いが前面に出て、村々の協力関係にひびが入ることもありました。その一例をあげましょう。

宝暦《ほうれき》一二年（一七六二）六月二二日に江戸川が増水した際に、松戸宿の者たちが大勢で上流の根本村《ねもとむら》に押しかけて、根本村領内の江戸川の堤防を切り崩そうとしました。松戸宿の領域内で堤防が決壊するのを防ぐために、先に根本村の堤防を切り崩して、そこから水を根本村のほうへ流してしまおうというわけです。

しかし、そんなことをされたら、根本村の村人たちはたまりません。そのため、松戸宿の者たちを阻止しようとしました。そこで、松戸宿と根本村の間で口論になり、それがエスカレートした結果、根本村の若者が松戸宿の者たちによって江戸川に投げ込まれて水死するという事件になってしまいました。

・天明浅間山噴火による被害

江戸川の氾濫の危険性を高めた要因の一つに、天明《てんめい》三年（一七八三）の浅間山の大噴火がありました。現在の群馬・長野両県境に位置する浅間山の噴火の影響が、遠く江戸川の流域にまで及んだのです。松戸市域の話をする前に、天明浅間山噴火の概略を述べましょう。

浅間山は日本の代表的な活火山であり、古来あまたの噴火を繰り返してきましたが、その中でももっとも大規模な噴火の一つが天明三年のものでした。同年の噴火は旧暦四月九日(新暦五月九日、以下カッコ内は新暦）に始まり、六月下旬から噴火の頻度が増してきました。七月五日（八月二日）からは激しい噴火と火砕流《かさいりゅう》（火口から噴出した火砕物と火山ガス、および取り込まれた空気が一団となり、高速で斜面を流下する現象）が繰り返し発生するようになり、七月七日（八月四日）夜から翌朝にかけて噴火の最盛期を迎えました。

成層圏《せいそうけん》（地上から一七～五〇キロメートルあたりの大気圏）まで上昇した噴煙は偏西風《へんせいふう》（一年中

吹く西風）に流され、風下《かざしも》では軽石《かるいし》や火山灰が激しく降りました。山腹では火砕流や溶岩が流下し、現在は観光地として知られる「鬼押出し《おにおしだし》」はこの時に形成されました。

この噴火は、周辺地域を中心に、大きな被害や影響をもたらしました。

第一は、鎌原火砕流《かんばらかさいりゅう》による被害です。鎌原火砕流は、火砕流と岩屑《がんせつ》なだれ（山体が岩なだれとなって流下するもの）の両方の特徴を併せもっていました。鎌原火砕流は、浅間山北麓の鎌原村を直撃して大きな犠牲を出し、さらに吾妻川《あがつまがわ》・利根川に大量に流入して洪水・泥流《でいりゅう》を発生させました。火砕流と泥流は、人畜・家屋を一瞬のうちに押し流して多くの生命を奪い、流域の田畑を埋め尽くして泥の荒野に変えました。

第二に、より広域にわたる被害として、軽石や火山灰の降下による農作物や人家への被害がありました。降灰《こうはい》によって作物が枯れ、また積もった灰・砂を除去しなければ以後の収穫は期待できませんでした。灰・砂の重みで傾いたり、焼けた軽石が当たって破損・炎上したりした家も多数ありました。

第三に、震動・山鳴り・雷鳴などがあります。これは、震動による物の落下といった物質的被害もさることながら、山鳴り・雷鳴などの大音響が人々に与えた精神的不安・恐怖が大きかったのです。

第四に、噴火後の気候不順が当時始まっていた飢饉《ききん》（天明の大飢饉）に拍車をかけ、百姓一揆を引き起こし、当時幕府の実権を握っていた老中田沼意次《ろうじゅうたぬまおきつぐ》の失脚という政変につながったという、より広い文脈での社会的・政治的影響を考える必要があります。

・松戸市域への影響

天明浅間山噴火を、松戸市域の人々はどう受け止めたでしょうか。古ケ崎村《こがさきむら》の記録には、次のようにあります。

天明三年七月六日の夕方から、北西方向から激しい振動が伝わってきた。七日の朝には雲が出て、同日午前八時頃から砂が降り始めた。砂は同日の夜中も降り続き、翌八日の午後二時頃までずっと降っていた。九日の午前六時頃から大雨になったが、午前一〇時頃からは晴れてきた。九日の午後二時頃から午後六時頃まで、江戸川に川の流れが止まるほど大量の家財道具が流れてきた。九日の夜になると、江戸川の水が泥水になり、一〇日の朝には、コイやウナギなどの魚が、泥に酔っておびただしく流れてきた。一一日には雨が降り、数万人とも思われるほどたくさんの死体が流されてきた。一二日も雨で、江戸川には死体やゴミが一緒に流れてきた。

次に、八ケ崎村《はちがさきむら》の記録をみてみましょう。

天明三年の七月七、八日に砂が降り、北西方向が振動した。八日は昼も暗く、このあたりでは砂が六、七分《ぶ》（約一・八〜二・一センチメートル）くらい降り積もった。一〇日から一二日まではは利根川（江戸川のこと）の水が泥水になり、壊れた家屋や人馬の死体がおびただしく流れてきて、恐ろしいことだった。これは、信州《しんしゅう》（信濃国、現長野県）浅間山の噴火によるものだということである。泥水は、浅間山のふもとから噴き出したようだ。

火砕流と川の水が混ざって生じた泥流は、吾妻川から利根川へ、利根川から江戸川へと流下し、これらの記録にあるように、流域で泥流に巻き込まれた人畜や家屋・家財が松戸市域まで流れてきたのです。そして、松戸市域への噴火の影響は、噴火直後の一過性のものにはとどまりませんでした。上流から流れてきた泥・砂が川底に堆積したため、江戸川の川底が上がって流れが悪くなってしまったのです。そのため、江戸川の洪水・氾濫の危険性が高まりました。また、泥・砂は坂川にも流入したので、坂川の流れもさらに悪くなりました。噴火から三年後の天明六年には、七月一三日から一七日まで降り続いた大雨によって、小金領の村々や対岸の二郷半領《にごうはんりょう》・葛西領《かさいりょう》（領《りょう》とは複数の村々を含む広域地域呼称）の村々、さらには江戸の市街地までも洪水の被害に遭っています。

一九世紀における洪水のありさまを、古ケ崎村の文書によってみてみましょう。享和《きょうわ》二年（一八〇二）には、六月二七日から昼夜大風雨になり、江戸川が堤防を越えるほどに増水しました。七月一日の午前零時にとうとう主水新田《もんとしんでん》で堤防が決壊し、川沿いの村々に高さ一丈《じょう》二、三尺《しゃく》（約三・六～三・九メートル）の水が押し寄せました。百姓家は四、五尺（約一・二～一・五メートル）浸水したため、百姓たちは江戸川の堤防上に避難し、そこに小屋掛けして水が引くのを待たざるをえませんでした。

こうした洪水はしばしばあったため、各家では非常時に備えて、避難用や水没後の移動用の舟を用意していました。この舟は、平常時の移動や農作業にも使われました。

・村々が資材納入を請け負う

小金領川除御普請組合のような流域村々の連合組織は、小金領だけでなく、江戸川両岸の上流・下流にわたって複数つくられていました。文政《ぶんせい》二年（一八一九）一二月に、江戸川の両岸に位置する庄内《しょうない》領・小金領・二郷半領（二合半領）・行徳《ぎょうとく》領などの村々の惣代《そうだい》（小金領の惣代（代表）は、主水新田名主の宗右衛門《そうえもん》でした）が、江戸川の御普請に使う材木・竹などの値段に関して、幕府に次のような内容の証文を差し出しています。

当地の江戸川の御普請で使う材木・竹などは、文化《ぶんか》六年（一八〇九）から文政《ぶんせい》二年（一八一九）まで、葛飾郡東金野井村《かつしかぐんひがしかなのい》（現千葉県野田市）の大次郎《だいじろう》が請け負ってきました。文政二年で請負契約の期限が切れますが、個人の請負では村々にとって不都合なことがあるので、以後は村請《むらうけ》（村々による請負）にしてほしいとお願いしたところ、文政二年から一〇年間村請とすることを認めていただきました。

文政二年から一〇年の請負期間のうち、再来年までの二年間は、幕府が倹約をなさっている期間中ですので、従来の値段の一割五分（一五パーセント）引きで材木等を納入します。その後契約期間満了までの八年間は、従来の値段の五分（五パーセント）引きで、幕府に上納します。以上のことをお約束します。

御普請の場合、工事に使う材木類の調達費用は幕府が負担します。文化六年以降は、東金野井村の大次郎が材木類の調達を請け負い、調達した材木類を幕府に納入して、その代金を受け取ってきたのです（材木は、幕府から村々に渡されて工事に使われます）。ところが、請負契約の期限が切れる文政二年に、流域村々が大次郎の契約延長に反対して、以後は村々が材木調達を請け負いたいと願って認められたわけです。

このように、村々が請負人に任せることに反対するのには、わけがありました。文化九年六月の洪水で、江戸川の堤防が数か所で破損し、川沿いの村々の田畑や家屋が水に浸かってしまったのです。そこで、御普請による復旧工事が行なわれることになったのですが、そのとき資材納入を請け負っていた大次郎らが納入を滞らせたため、工事がなかなか開始できませんでした。仕方なく村々が代わりに資材を差し出すと、今度は大次郎らは村々への資材代金の支払いを滞らせる始末でした（この場合、大次郎らは幕府から受け取った資材代金を、大次郎らに代わって資材を差し出した村々に渡す義務があったわけです）。

こうした苦い経験があったため、村々では村請を願ったのです。自分たちで材木を調達・納入し、その費用を幕府から受け取ることにしたのです。もちろん、その材木は村々が工事に使います。ただし、村々は村請を実現するために、納入価格の割引を申し出ざるをえませんでした。このように、幕府が費用を負担する御普請であっても、村々にはそれなりの苦労があったのです。

・ときには起こる暴力沙汰

　文政五年（一八二二）八月には、中郷二五か村組合のうち一四か村の村役人や一般の百姓たち大勢が主水《もんと》新田《しんでん》名主《なぬし》の宗右衛門《そうえもん》方に押しかけて、宗右衛門を殴打《おうだ》して負傷させ、家屋や家財を打ち壊すという騒ぎがありました。一四か村とは、二ツ木・三ケ月・幸谷・大谷口・横須賀・鰭ケ崎《ひれがさき》・西平井・馬橋《まばし》・中根・新作《しんざく》・上本郷・南花島・竹ケ花・大根本《おおねもと》（根本）の各村です。このうち幸谷村からは、名主武左衛門《ぶざえもん》と百姓の倉之助《くらのすけ》・勘蔵《かんぞう》・平吉《へいきち》および次郎兵衛《じろべえ》の倅《せがれ》初五郎《はつごろう》（初治郎《はつじろう》とする文書もあります）が加わっています。もっとも、武左衛門は乱暴を止めるために出向いたようです。

　この騒ぎの原因は、八月一日に主水新田の村域内で増水のため江戸川の堤防が決壊し、流域村々が洪水被害を受けたことにありました。一四か村側は、これは宗右衛門が水防対策をなおざりにしていたからだと考えて、激怒した若者たちを先頭に宗右衛門宅に押し寄せたのです。

　同月には、この一四か村が、流山《ながれやま》村で幕府の普請掛り役人に、願書を差し出しています。願書では、今回、本来なら堤防が決壊するほどの出水ではなかったのに、主水新田の領域内で江戸川の堤防が決壊したのは、主水新田の対応に問題があったからだとして、今後こうしたことが繰り返されないよう、普請掛り役人に適切な指導を願っています。

　しかし、仮に堤防決壊に関しては一四か村側の主張が正しかったとしても、宗右衛門宅で乱暴をはたらいた件については責任を取らなければなりません。それに関しては、八月に、小金町・流山村・松戸宿などの役人たちが仲裁に入り、一四か村側が壊した家屋・家財を修復・弁償するということで和解が成立しました。宗右衛門が比較的軽傷だったことも、和解の成立にとっては幸いしたようです。幸谷村では、武左衛門が村を代表して和解交渉に当たっています。

このときの和解には、金八〇両（一両はおよそ一〇万〜一五万円）もの多額の賠償金がかかりました。それを一四か村で分担したのです。この金は、八月一三日に一四か村の代表がそれぞれ主水新田に持ち寄りました。

ただし、和解にかかった費用はこれだけではありませんでした。仲裁に入ってくれた小金町・流山村・松戸宿の役人たちへの謝礼や酒代などで、ほかにも金一二両余かかったのです。これらも、一四か村で分担して出金しました。怒りに任せて暴力に訴えた代償は大きかったといわなければなりません。

先にみた宝暦一二年の松戸宿の者たちの乱暴事件（四四ページ）といい、今回の事件といい、ときには暴力沙汰も起こりましたが、その都度村々は関係を修復して、ほとんどの時期には協力して治水・水防に当たりました。しかし、それでも江戸川の氾濫と堤防の決壊を完全に防ぐことはできなかったため、村人たちの努力と苦労は江戸時代を通じて続きました。

第三章　坂川と向き合う

・坂川とはどういう川か？

第二章では江戸川の治水について述べましたが、江戸川と並んで、江戸時代の現松戸市域の治水を語るうえで重要な存在が坂川です。坂川は、下総台地から流下する雨水や台地の湧水を集めた川です（図8）。現在の坂川は、流山市から松戸市へと、江戸川とほぼ並行して南流し、最後は江戸川に注ぎます。

坂川の流域は、下谷《したや》と呼ばれる江戸川沿いの低地で、水はけが悪く、大雨が降ると江戸川や坂川が氾濫して、あたり一面水浸しになってしまうような土地柄でした。川の氾濫がなくても、雨量が多いと下総台地から流下する雨水が排水されずに溜まって、一帯が水に浸ってしまうのでした（これを内水氾濫《ないすいはんらん》といいます）。

こうした立地条件のため、戦国時代までは、下谷の中心部は人が住まず、耕地もない湿地帯でした。したがって、いくら氾濫が起こっても、それは人間には関係のないことでした。水害とは、そこで人間の暮らしが営まれたときに初めて発生するのです。

ところが、一七世紀（江戸時代前期）の「大開墾時代」（第一章を参照）になると、下谷にも耕地開発の波が押し寄せ、新たな村（新田《しんでん》）がいくつも成立しました。九郎左衛門《くろうざえもん》新田・七右衛門《しちえもん》新田・主水《もんと》新田・伝兵衛《でんべえ》新田・三村《みむら》新田・大谷口《おおやぐち》新田などが、新たに成立したのです。九郎左衛門新

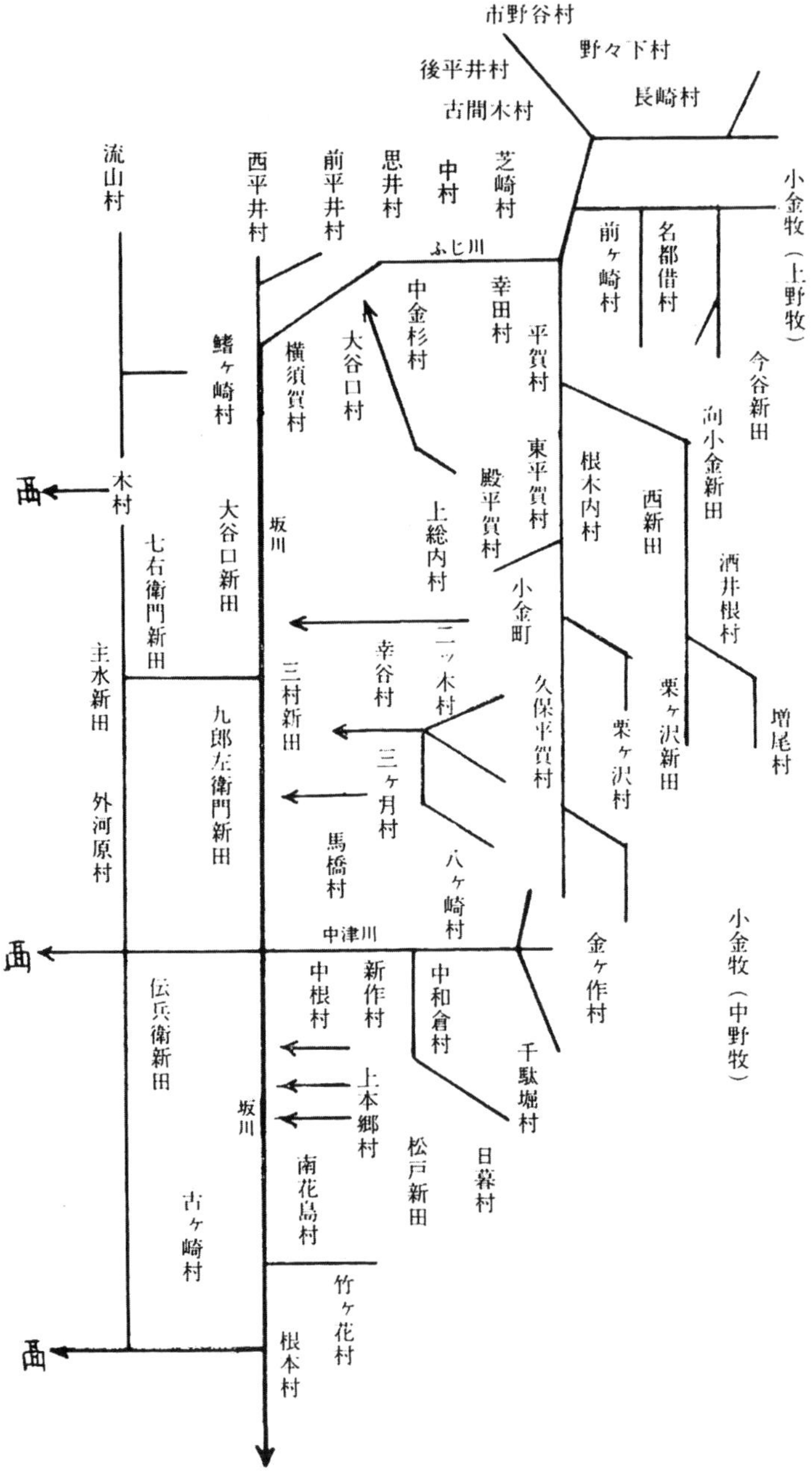

図8　坂川に集まる水の流れ

『松戸市史　中巻　近世編』より転載

現在の坂川の源流
現在の坂川は、北千葉導水路によって利根川から引いてきた水が源流になっています。写真は、野々下水辺公園（流山市）の所で地表に出て、滝となって流れ落ちる坂川の水です。

田・伝兵衛新田などは、新田を開発した主導者の名前を村名にしています。下総台地の上（台）や縁辺（谷津《やつ》）に位置する村の百姓たちも下谷の土地を積極的に開墾し、そこは開墾者の住む村の飛び地になりました。こうして、江戸時代の下谷一帯は、新田村や各村の飛び地がモザイク状に入り組むことになったのです。

　下谷の耕地を開墾した百姓たちにとって、悩みの種は排水不良でした。下谷の主要な排水路は坂川でしたが、これが十分機能しなかったのです。一七世紀の坂川は、現在の坂川と江戸川の間、すなわち現坂川より西側を、現坂川とほぼ並行するかたちで北から南へ流れ、古ケ崎村のあたりで江戸川に注いでいたと思われます。ところが、当時の坂川は勾配が緩くて、水はスムーズに江戸川へと排水されませんでした。それ

坂川と富士川（藤川）の合流点で上流を望む
左が坂川、右が富士川です。２つの川は、芝崎村と幸田村のあたりで合流します。
富士川は、江戸時代には、坂川の主要な源流の１つでした。

どころか、江戸川の水位が上がると、江戸川の水が坂川へと逆流する始末でした。そのため、江戸時代の文書では、坂川を「逆川《さかがわ》」と記したものが多くあります。

享保《きょうほう》一一年（一七二六）から宝暦《ほうれき》一一年（一七六一）までの三六年間のうち、一六年は排水不良による作物被害、七年は堤防の決壊による水害があり、無難な年は一三年だけでした。また、延享《えんきょう》二年（一七四五）から安永《あんえい》六年（一七七七）までの三三年間のうち、一〇年は排水不良による作物被害、一〇年は堤防の決壊による水害があり、無難な年は一三年だけでした。三年に一度米が穫れればよいといわれるくらい、水害が多かったのです。また、洪水による被害と同程度かそれ以上に、排水不良（内水氾濫）による被害が多かったことも特徴です。

そこで、下谷に耕地をもつ村々の百姓た

ちにとっては、坂川の排水機能を向上させることが、安定的に農業を営むうえで不可欠の課題になったのです。一七世紀に下谷の開墾に励んだ百姓たちは、一七世紀末に開墾が一段落すると、今度は坂川の改修に取り組むようになりました。百姓たちは、坂川の川底の土砂を浚渫《しゅんせつ》して流れをよくすることに加えて、坂川の流路を変更して従来以上の勾配をつけることによって、坂川の排水機能を高めようとしたのです。一八世紀後半からは、坂川の流路を南に延長して、江戸川への排水地点をより下流部に移すことで、坂川の流れをよくしようとしました。

ただし、それは大工事です。一つの村だけでできるものではありません。関係する村々が話し合って意見を統一することが必要です。しかし、村々の利害はそれぞれ異なっており、意思統一は容易ではありませんでした。

また、こうした大工事の実施には幕府の許可が必要でした。しかし、幕府は、地元で工事に反対の村があると、なかなか工事実施を許可してくれませんでした。いかに反対の村々を説得して、幕府の許可を得るかが大問題だったのです。

さらに、多額の工事費用をどう調達するかも難題でした。そのため、村々の側は、幕府に工事を御普請（幕府が人足《にんそく》（治水工事の労働者）の賃金や資材の費用を負担して行なう工事）で実施してくれるよう願い出ました。御普請ならば、幕府が人足の賃金や工事資材の購入費の相当部分を負担してくれるからです。また、関係村々に住む有力百姓たちに当座の費用立替を頼みました。工事費用調達にも問題が多く、そこでトラブルも発生しました。

そうした困難を抱えた坂川改修工事は、実際にどのように進められたのでしょうか。以下、具体的にみていきましょう。

・享保六〜八年の改修工事

坂川の最初の大規模な改修は、享保《きょうほう》六〜八年（一七二一〜一七二三）に行なわれました。第二章でみたように、この時期には、国役普請による江戸川の治水工事も行なわれており、幕府が江戸川・坂川の両者をともに視野に入れて、流域の耕地の安定化を図ったことがわかります。

このとき、幕府代官小宮山杢進《こみやまもくのしん》（杢之進）の命で、坂川の近隣五〇か村の村人たちが人足《にんそく》に動員されて、坂川の大規模な川浚《かわさら》い（水の流れをよくするために、川底の土砂を浚渫《しゅんせつ》すること）が行なわれたのです。前述したように、この当時の坂川は、現坂川の西側を北から南へ流れていましたが、享保六〜八年の工事は「新川堀割《しんかわほりわり》」と古文書にあるので、川浚いだけではなく、このとき現坂川に当たる流路が新しく開削《かいさく》されたものと思われます。したがって、享保八年以降は、坂川（古坂川《こさかがわ》）と新川（新堀《しんほり》、現坂川）の二本の川ができて、新川のほうが本流になりました。本書では、以後、新川のほうを坂川、享保八年までの坂川を古坂川と表記します。この時点で、伝兵衛新田のあたりまでは、ほぼ現在の坂川の原型が成立したわけです（図9）。

その後、享保一七年一月に、葛飾郡小金領《かつしかぐんこがねりょう》の台方《だいかた》（下総《しもうさ》台地上もしくは台地の近辺に立地する村）二二か村が、幕府の役人から、坂川の浚い御普請《ごふしん》（幕府の費用負担による川浚い）に人足を出すよう命じられました。しかし、台方村々では、同年二月に、自分たちの村は農業用水が不足しがちで、坂川の普請によって得られるメリットがないことを理由に、人足差し出しの免除を願っています。川浚いによって坂川の流れがよくなると、付近の水が坂川に流れ込むため、かえって台方村々が水不足になるというのです。また、台方村々は、享保八年の坂川の浚い御普請のときには台方村々も人足を出したけれど、それは以後の前例としないという条件付きで出したのだとも述べています。

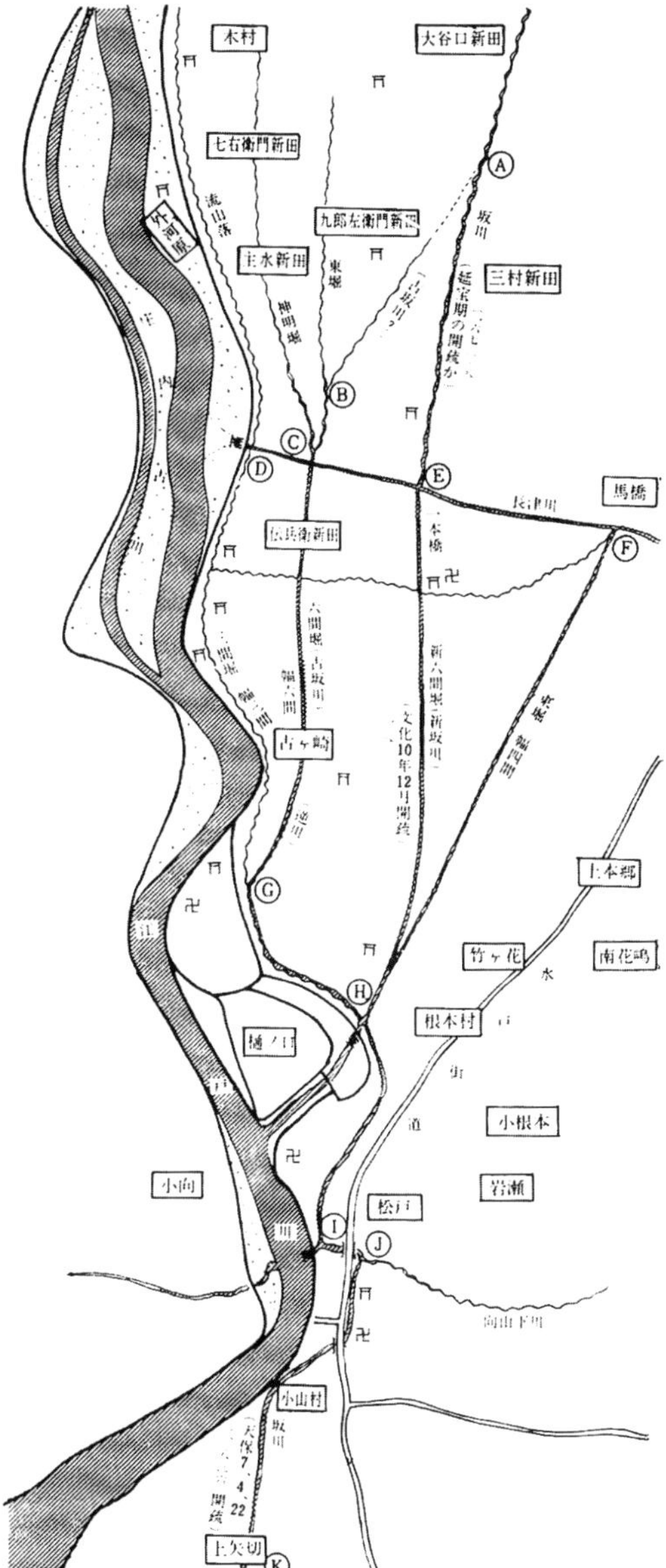

図９　坂川関係の流路図
『松戸市史　中巻　近世編』より転載

一本橋（図９）あたりから坂川の上流を望む

ちなみに、この台方二二か村とは、酒井《さかい》根《ね》・根木内《ねぎうち》・中新宿《なかしんじゅく》・前ケ崎《まえがさき》・殿平賀《とのひらが》・東平賀・平賀・中金杉《なかかなすぎ》・幸田《こうで》・名都借《なずかり》・長崎・野々下《ののした》・市野谷《いちのや》・後平井《うしろひらい》・前平井・古間木《ふるまぎ》・芝崎《しばさき》（柴崎）・中・思井《おもい》・栗ケ沢・八ケ崎《はちがさき》・久保平賀の各村です。台方村々の願いは聞き届けられて、享保一七年二月に、人足の差し出しは免除されました。このときの御普請は、坂川近隣の小金領一一か村の人足によって行なわれたのです。

現松戸市域は、西側が江戸川沿いの低地（下谷）、東側が下総台地（台と呼ばれます）、その中間の台地に谷が複雑に入り込んだ谷津《やつ》、という三つの地域からなっています（図10）。下谷地域は江戸川や坂川の水害をもろに蒙りますが、台や谷津に立地する村々（台方村々）は被害を受ける程度が相対的に軽くなります。台方村々は、水

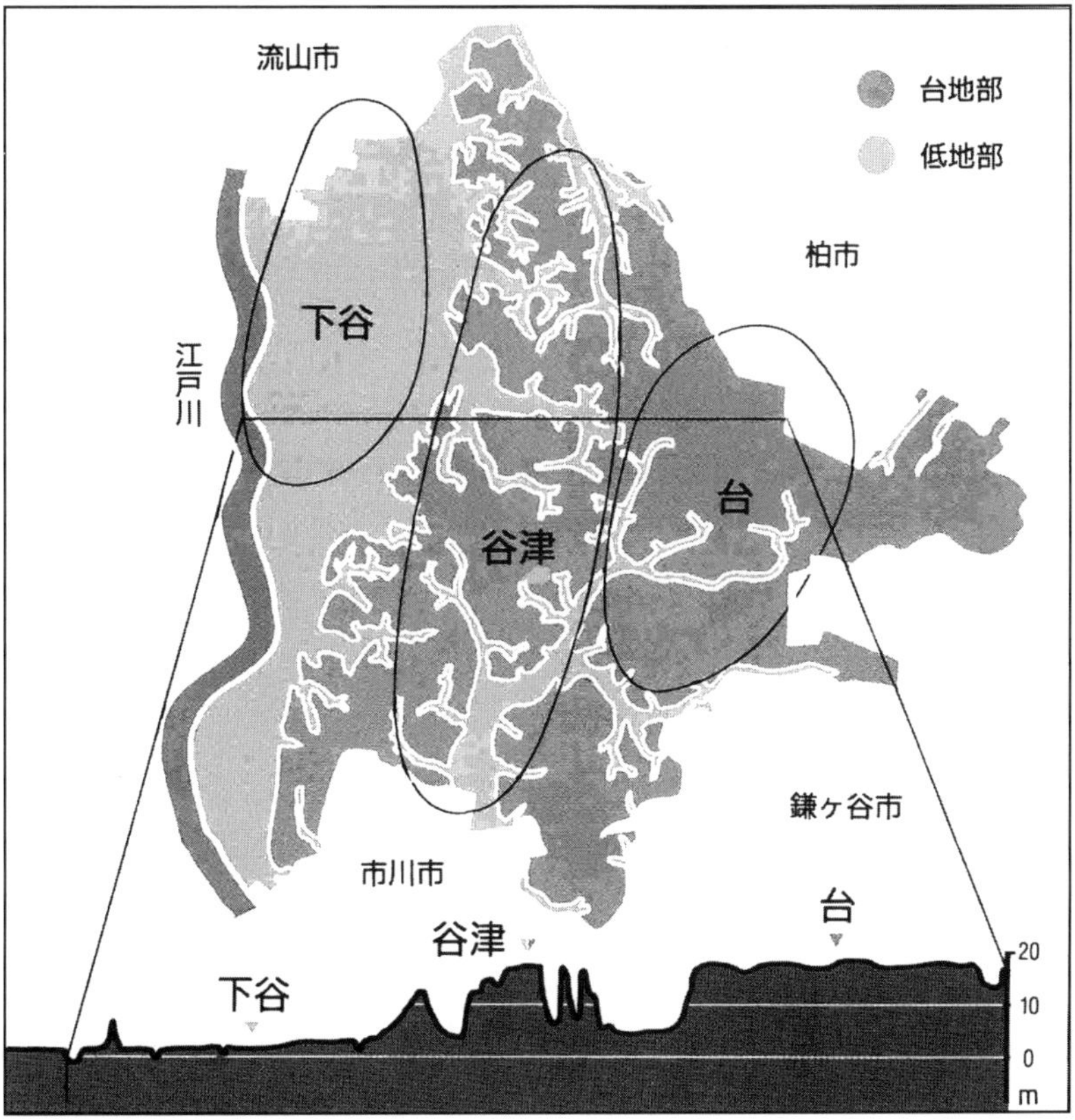

図 10　下谷・谷津・台の位置関係
『松戸市立博物館　改訂版　常設展示図録』より転載

不足に悩まされることも多いのです。このように、下谷の村々と台方村々では、立地条件に規定されて利害が異なっていましたから、台方村々は坂川の治水工事に労働力を提供することには消極的でした。労働力の提供に対して、得られるメリットが少ないからです。この利害の相反は、以後も繰り返し問題化します。

また、江戸川べりの古ケ崎村《こがさきむら》の領域内には、坂川の水を江戸川に落とす「圦樋《いりひ》」（排水施設、水門《すいもん》）がありました。ここが、坂川の終点になっていたのです。この圦樋の修復は、御普請で行なわれていました。古ケ崎村の圦樋は、享保一五年（一七三〇）に新しいものに交換され、その後寛《かん》保《ぽう》二年（一七四二）の洪水によって破損したため、翌寛保三年に修復されました。さらに、宝暦《ほうれき》一二年（一七六二）にも新しいものに交換されましたが、明和《めいわ》二年（一七六五）夏の江戸川の洪水で大きく破損してしまいました。そのため、翌明和三年に、四〇間《けん》（約七二メートル、一間は約一・八二メートル）下流に新しく圦樋を設置し直しました。この工事は御普請で行なわれ、古ケ崎村ほか四〇か村の村人たちが人足として働きました。しかし、この新しい圦樋も、同年夏の洪水で破損してしまいました。

圦樋は、江戸川から坂川への逆流防止のために不可欠の施設でしたが、このようにたびたび新設や修復をしなければならず、それは村々にとって大きな負担になりました。

・さらなる改修の出願と台方村々の反対

宝暦一〇年（一七六〇）には、坂川沿岸の幕府領一〇か村が、幕府に、坂川の「堀替《ほりかえ》・浚《さらい》・両土手御普請《りょうどてごふしん》」を願い出ました。この一〇か村とは、流山村《ながれやま》・木村《き》・七右衛門新田《しちえもんしんでん》・主水《もんと》新田・古ケ崎村《こがさき》・伝兵衛新田《でんべえ》・三村新田《みむら》・九郎左衛門新田《くろうざえもん》・大谷口新田《おおやぐち》・馬橋村《まばし》（馬橋村は一部のみ幕府領）の各村です。

また、「堀替・浚・両土手御普請」願いとは、①「堀替」、すなわち坂川の流路変更、②「浚」、すなわち坂川の川底の土砂の浚渫、③「両土手御普請」、すなわち坂川の両岸の土手《どて》（堤防）の建設、の三種類の工事を御普請、すなわち幕府の費用負担で実施してほしいということです。享保八年の大工事によっても、坂川の排水機能は十分なものにはならなかったため、再度の大工事が必要とされたのでした。

宝暦一一年一二月に、幕府の普請役《ふしんやく》（治水を担当する専門技術者）は、願い出た一〇か村に加えて、台方の三七か村にも工事への人足の差し出しを求めました。工事は承認するが、一〇か村だけでは無理だろうから、三七か村も協力しろというわけです。この三七か村とは、前述の台方二二か村に、新作《しんざく》・大谷口・鰭ケ崎《ひれがさき》・中和倉《なかわくら》・上本郷《かみほんごう》・横須賀《よこすか》・幸谷《こうや》・二ツ木《ふたつぎ》・南花島《みなみはなしま》・三ケ月《みこぜ》・竹ケ《たけが》花《はな》・西平井《にしひらい》・上総内《かずさうち》・千駄堀《せんだぼり》・中根の一五か村を加えた村々です。この三七か村は、享保八年の御普請の際にも人足を出したので、今回も出させようというのです。

これに対して、台方三七か村は、①享保八年には、同年の人足差し出しを以後の先例とはしないという約束で人足を出したこと、②享保一七年にも、坂川の浚い御普請人足を割り当てられたけれども、このときは享保八年の人足差し出しは先例とはならない旨を訴えて、差し出しを免除してもらったこと、③台方村々は、水戸徳川家の鷹場役《たかばやく》（水戸徳川家当主の鷹狩《たかがり》やその狩猟場に関連した労役・諸負担）・助郷役《すけごうやく》（街道の宿場を補助するために人馬を差し出す役目）・小金牧《こがねまき》（幕府の馬の放牧場）関係の役・治水関係の役など多くの負担を負っているため、坂川の御普請に差し出す人手がないことなどをあげて、人足差し出しの免除を願い出ました。

宝暦一一年一二月には、台方三七か村の代表四人が、幕府普請役に返答書を差し出しています。そこから、以下のようなこの間の経緯がわかります。先述したところと重なる点もありますが、あらためてよりくわしくみておきましょう。

今回の事の起こりは、古ケ崎村など一〇か村が、①坂川の鰭ケ崎村から古ケ崎村の水門（圦樋《いりひ》）までの約二八〇〇間《けん》（約五・一キロメートル）について、水底の泥を浚い、両岸に土手（堤防）を築くことと、②小金町（下谷にある小金町の飛び地）と伝兵衛新田の領域内を通って一本橋に至る新水路の開削工事を御普請で行なうことを、幕府に願い出たことにありました。享保八年の新水路開削によっても、坂川の排水路としての機能は十分なものにならなかったのです。さらに、一〇か村は、台方の三七か村にも、今回の工事に人足を出すよう求めました。

この出願を受けて、幕府の普請役は、念のために台方村々に、人足差し出しについて支障の有無を確認しました。その際、享保八年の坂川の御普請の際に、台方村々にも人足を割り当てた先例をあげています。これに対して、台方村々は、次のように主張しました。

①鰭ケ崎村から下流の坂川西岸には堤防があるが、東岸には堤防がなく、川べりまで耕地になっ

ている。そこに新しく堤防を築くことになれば、堤防用地に当たる耕地が失われてしまう。
②坂川の両岸に堤防ができると、大雨の際に水の逃げ場がなくなるため、堤防の上流から水があふれて、坂川沿いの耕地が冠水してしまう（坂川沿いには台方村々の耕地もあった）。
③以上の理由から一〇か村の出願には反対だが、一〇か村の領域内に限って、一〇か村の人足だけで新水路を造るということであれば、それには反対しない。

この台方村々の反対意見を受けて、普請役は、次のように台方村々を説得しました。

「坂川の水底を浚い、水の流れが悪い場所の水路を付け替えれば、流れがよくなるので、上流で水があふれるということはなかろう。このままでは、坂川下流の一〇か村（出願した村々）の耕地は、坂川の氾濫のたびに溜め池同然になってしまう。一〇か村の水害を防ぐには、一〇か村の領域内に堤防を築くだけでは不十分であり、台方村々の領域内も含めて堤防を築く必要があるのだ」。

この普請役の説諭に対して、台方村々は次のように答えています。

「御普請役様が、『坂川の水底を浚い、水路を付け替えれば、流れがよくなるので、上流で水があふれるということはない』とおっしゃるのはごもっともに存じます。坂川は、台方村々にとっては農業用水路であり、鰭ケ崎村や横須賀村に取水口を設けて水を引いています。それでも、十分な量の水は確保できていません。坂川の水底を浚うと、坂川の流れがさらによくなって水はどんどん下流に流れるため、用水路のほうに来る水量が減ってしまい、耕地が水不足になる心配があります。しかし、今回出願した一〇か村はいずれも幕府領でもあることですし、川浚いについては異存ありません。

ただし、両岸に土手を設けることには反対です。御普請役様は、私ども台方村々が自分たちの耕地の排水のことだけを考えて、一〇か村の耕地の水害に配慮していないようにお考えですが、そうではありません。両岸に堤防ができれば、上流で水があふれて、台方村々と出願した一〇か村を合わせた一六、七か村の坂川沿いの耕地が水に浸かってしまいます。どうか、堤防は一〇か村の領域内だけに築くようにしてください」。

・双方の対立はどう決着したか

ここで、双方の争点を整理しておきましょう。争点の第一は、坂川の両岸に堤防を築くことの是非です。出願した一〇か村の側は、坂川の氾濫を防ぐために、堤防を築くことを主張します。しかし、台方三七か村側は、堤防を築くと、かえって堤防の上流部の堤防のない所から水があふれて、耕地が水害に遭うとして反対しているのです。

争点の第二は、工事で働く人足を出す村の範囲です。一〇か村の側は、台方三七か村からも人足を出してほしいといいます。そのほうが、一〇か村の負担が減るからです。しかし、台方三七か村側は、享保八年を除いて、自分たちが人足を出した前例はないとして反対しています。この二つが、主要な争点になっているのです。

この両者の対立に対して、幕府は、宝暦一二年六月に、次のような結論を下しました。

①一〇か村が願い出た坂川の「堀替」については、その効果のほどがはっきりせず、また台方村々が反対していることでもあり、認められない。

②一〇か村とは別に、坂川沿いに耕地がある小金町も、別の「堀替」プランを出してきたが、そのプランに沿ってすでにある耕地を潰して新しい水路を造っても水の流れはよくならず、結局既存の耕地を潰すだけの結果に終わると思われるので、これも採用できない。

③坂川の川底に土砂が堆積して水害の危険が増しているという点については、一〇か村が主張するとおりなので、横須賀橋（横須賀村内の橋）から古ケ崎村の江戸川への排水地点まで、川底を浚うよう申し付ける。

④一〇か村が願い出た、坂川の両岸に下流までひと続きの土手を築く件については、三七か村が坂川沿いの耕地が排水不良になるとして反対しているため、認められない。ただし、川浚いで出た土を堤防がない場所に揚げれば水害防止に役立つだろう。

⑤享保八年の普請は「新川堀割《しんかわほりわり》」「堀替等之大普請《ほりかえなどのおおふしん》」「新規ニ堀替」などといわれる、流路変更をともなう大工事だったので、台方村々にも人足を割り当てたのであり、今回のような川浚いの参考にはならない。宝暦八年の川浚いは、一〇か村だけで行なっている。よって、今回の川浚いも、一〇か村と小金町の計一一か村で行なうようにせよ。浚いは御普請で行ない、普請役が出向いて指示をする。

この件は、以上の幕府の裁定によって決着しました。このときは、川浚いは認められましたが、両岸の土手建設も坂川の流路変更も認められなかったのです。また、三七か村の人足差し出しも免除されました。結局、この川浚いは、宝暦一三年に、御普請として実施されました。

・一九世紀に入るまでの推移

その後、一九世紀に入るまでの坂川改修をめぐる推移を年表風に記してみましょう。そこでは、坂川の掘り継ぎが、流域村々から繰り返し幕府に出願されています。掘り継ぎとは、坂川の流路を延長して、より下流で江戸川に排水することです。排水地点を下流にするほど上流と下流の高低差が大きくなり、それだけ坂川の流れがスムーズになるというわけです。川浚いや土手の建設だけでは水害防止効果は限定的であり、かつ台方村々の協力も得られないため、流域村々は作戦を変更して、今度は掘り継ぎ工事の実現を要求の核心に据えたのです。

安永《あんえい》一〇年（＝天明《てんめい》元年、一七八一）三月　一二か村が、坂川の浚いと掘り継ぎを幕府に出願する。一二か村とは、古ケ崎村・伝兵衛新田・七右衛門新田・主水新田・木村・大谷口新田・九郎左衛門新田・三村新田・流山村・小金町・馬橋村・鰭ケ崎村である（鰭ケ崎村を除く一一か村の連合体を「坂川組合」という）。しかし、願いは同年四月、却下される。同年、江戸川の御手伝普請《おてつだいぶしん》（御手伝普請＝大名手伝普請については三五ページ参照）が行なわれる。

天明《てんめい》三年（一七八三）八月　一二か村が再度出願する。

天明五年三月　一二か村の代表が駆込訴《かけこみうったえ》（正規の手順を経ずに、幕府の役所へ直接駆け込んで願い出ること）をする。同年五月にも幕府に出願する。
天明六年五月　幕府役人（普請役ら）が現地を見分する。
同年　六月　村々が、幕府役人の見分先で出願する。
同年　九月　幕府役人の現地見分があるも、改修工事は見合わせになる。
天明七年一月　幕府勘定奉行所《かんじょうぶぎょうしょ》へ駆込訴をする。
天明八年八月　幕府巡見使《じゅんけんし》（幕府が全国各地の実情視察のために派遣した役人）に願書を差し出す。願書は受理されたが、その後音沙汰なし。
同年　一二月　幕府役人が現地を見分する。
天明九年（＝寛政《かんせい》元年、一七八九）一月　坂川組合のうち一〇か村が、中井清太夫《せいだゆう》（代官《だいかん》、関東の諸河川の担当）に、坂川の浚いと新たなルートでの水路の掘り割り（開削）を出願する（このときそれまでの出願内容を若干変更した）。
寛政二年（一七九〇）七月　幕府役人の見分があったが、普請は着手されず。
同年　九月　幕府役人の廻村先へ出願するが、沙汰なし。
寛政四年一〇月　幕府代官手代《てだい》（手代は代官の下僚）の現地見分があったが、その後沙汰なし。
寛政九年八月　九か村が幕府代官所へ出願する。幕府役人の見分はあったが、その後沙汰なし。
享和《きょうわ》元年（一八〇一）五月　一四か村が幕府へ出願し、幕府役人の見分がある。
　その後、また現地見分が計画されたが、改修に反対する下郷《しもごう》村々（松戸宿《まつどじゅく》以南の、新流路の予定地となった村々）が妨害行動に出るとの噂があったため中止となる（この正確な時期は不明）。

・坂川改修の出願と反発

上記の年表に、若干補足しましょう。安永一〇年の一二か村による出願は、初めて坂川の流路を南方に延長すること（掘り継ぎ）を願い出たものです。このときの一二か村の惣代（代表）は、鰭ケ崎村名主の（渡辺）庄左衛門《しょうざえもん》（充房、文化《ぶんか》九年（一八一二）没）・流山村名主の重左衛門《じゅうざえもん》・九郎左衛門新田名主の久左衛門《きゅうざえもん》でした。

天明六年には、鰭ケ崎村名主の庄左衛門が、坂川の浚い御普請を出願しました。これは、鰭ケ崎村から古ケ崎村までの川幅を六間《けん》（約一一メートル）に広げて、その際に掘った土で両岸に土手を築くという計画でした。

これに対して、天明六年（一七八六）一二月に、柴崎・中・思井・幸田・中金杉の五か村が反対意見を述べています。その理由は、土手ができると、五か村の耕地が水浸しになって作物が腐ってしまうということでした。宝暦一一年に、台方三七か村が、土手の建設に反対したのと共通の理由です。

天明九年（＝寛政元年、一七八九）一月には、坂川組合のうち一〇か村が、幕府代官の中井清太夫に、坂川の浚いと新たなルートの掘り割りを出願しました。これに対して、寛政元年三月に、古ケ崎村の百姓全員が、坂川組合村々の出願には反対の旨を、中井清太夫の役所に申し出ています。そこで、古ケ崎村は、坂川組合が提案している新水路案では、古ケ崎村の百姓家五、六軒や苗代場《なわしろば》（種籾《たねもみ》をまいて稲の苗を育てる田）が水路の用地となって潰れてしまうし、大雨の際には古ケ崎村の田畑がすべて水没してしまうと訴えています。そして、新水路は別のルートにしてほしいと願っています。古ケ崎村は坂川組合の一員ですが、今回の新水路案には反対しているのです。

この件は、同月、坂川組合村々と古ケ崎村との間で、両者ともに納得できるルートに変更することで合意が成立しました。しかし、このときには新水路の開削は実現しませんでした。関係する村々の合意形成とともに、工事費用の捻出方法なども工事実現のハードルになっていたのでしょう。

寛政九年（一七九七）八月には、江戸川沿いの九か村が、当地を支配する幕府代官に次のように願っています。

私どもの村は江戸川沿いの低地にあります。近年、江戸川の川底が埋まって高くなりました。そのため、雨が降るたびに江戸川が増水し、さらに台方四一か村から流れ落ちる水が溜まって、田畑が水浸しになってしまいます。最近一〇年ほどは、期待通りの収穫があった年は一度もありません。これでは百姓たちは困窮し、暮らしを続けていくことができません。

そこで、坂川（史料では逆川と表記）の流路の変更と延長を御普請で行なってくださるよう願い上げます。坂川は、享保六年に横須賀村の橋の所から古ケ崎村までの工事が行なわれ、宝暦一三年には金六二〇両余をかけて川浚いの御普請が行なわれました。しかし、今では、また坂川の流れが悪くなっています。
私どもが希望する御普請の内容は、中金杉村から横須賀村に至る坂川の流路を浚い、さらに松戸宿まで川幅六間、深さ六尺《しゃく》（約一・八二メートル）の水路を通して、松戸宿で坂川の水を江戸川に排出するというものです。さらに、関連の普請も行ないたいと存じます。御普請に必要な人足は、台方四一か村と出願した九か村の計五〇か村から出したいと存じます。石高一〇〇石につき人足一五〇人までは百姓たちの自己負担とします。それ以上の人足については、一人一日につき米七合《ごう》五勺《しゃく》の手当をいただきたく存じます。また、新しく水路を通すことになる土地の持ち主への補償金などは幕府から拝借して支払い、材木代などは幕府から下付していただければと存じます。拝借した金は、五か年賦で返済いたします。
私どもが出願した箇所について、幕府の御役人様の御見分をお願いします。この御普請が実現すれば、耕地が水害を免れて、大勢の百姓たちが助かります。

さらに、別の文書で、九か村の村役人たちは、次のように述べています。

寛政六年から同九年まで連年初春から雨が降り続き、台地のほうから九か村に流れ落ちてきた水が田畑に溜まって、作物がすべて駄目になってしまいました。ことに、田は毎年水が深く溜まってしまい、農作業ができません。そのため、田にヨシやマコモが一面に生えてしまいました。百姓たちは困窮し、暮らしを続けていくことができません。そこで、坂川（逆川）の流路を中金杉村から台地の裾を通るようにして、松戸宿の裏手の江戸川の堤防に新しく排水管を通して、坂川の水を江戸川に落とすようにしたいと思います。

そうすれば、私ども九か村の百姓たちは、毎年無難に作付けし、年貢をきちんと上納して、永く百姓を続けていくことができます。ただ、上記の坂川改修計画を幕府に出願するのに、九か村の村役人たちが全員で江戸に行っては多額の経費がかかってしまい、困窮している百姓たちがその経費を負担することは困難です。ついては、九郎左衛門新田の久左衛門《きゅうざえもん》殿と古ケ崎村の勘右《かんえ》衛門《もん》殿に九か村の惣代（代表）をお願いします。

このように、九か村では、九郎左衛門新田の久左衛門と古ケ崎村の勘右衛門を代表に立てて、坂川の改修を幕府の費用で実現しようとしているのです。しかし、このときは幕府役人の現地見分はあったものの、御普請は実現しませんでした。

また、この文書で九か村が、坂川の流路を台地の裾を通すルートに変更することを考えている点も興味深いところです。このルートは、現在の新坂川の流路と重なるものです。新坂川は、昭和になって、台地からの水をスムーズに江戸川に排水するために新設されたものですが、江戸時代の村人たちも実現こそしなかったものの、似たような構想をもっていたのです。

・一九世紀に入っても続く出願と反発

享和元年（一八〇一）五月に、流山村・木村・主水新田・大谷口新田・古ケ崎村・七右衛門新田・三村新田・九郎左衛門新田・伝兵衛新田・馬橋村・小金町・鰭ケ崎村・横須賀村・西平井村の一四か村（坂川組合一一か村＋鰭ケ崎村・横須賀村・西平井村、関係村々の位置関係は図11を参照）が、幕府に次のように願い出ています。なお、文中では坂川を「逆川」と記しています。

私どもの村は、江戸川沿いの低地にあります。天明三年（一七八三）に浅間山が噴火して泥・砂が江戸川に流れ込んだため川床が高くなり、さらに坂川も流入した土砂によって流れが悪くなってしまいました。

その後は、毎年早春に、村々で溜まった土砂の除去を行なってきましたが、大仕事なのでなかなか十分な成果をあげられません。そのため、雨が降るたびに坂川の排水不良で耕地が水浸しになってしまいます。それでも、上様《うえさま》（徳川将軍家）の御救いに縋《すが》るとともに、村人たちが村外へ出て日雇い稼ぎをするなどして、何とかその日その日を暮らしてきました。しかし、もはや耕作をする精力も尽き果ててしまい、耕地には雑草が茂っています。

そこで、このたび、①坂川のうち鰭ケ崎村から伝兵衛新田の一本橋までの水路の土砂を浚い、②両岸の堤防を御普請で修復し、③坂川の一本橋より下流の部分の水路を御普請によって新たに開削して、今より下手《しもて》（下流）の松戸宿裏から小山村の地点と、さらに下手の栗山村《くりやまむら》で江戸川に排水するようにしたいと存じます。

坂川は、享保六年に、小宮山杢之進《こみやまもくのしん》様によって流路の変更がなされ、さらに宝暦年間に金六二〇両余をかけて川底の浚渫が行なわれました。しかし、その後年数が経ち、さらに浅間山の噴火もあったため、現在は水の流れがたいへん悪くなっています。また、両岸の堤防ももろくなって、大雨のときは水害に苦しめられています。

どうか、前述の工事を御普請によって行なってください。工事に必要な人足は近隣の五一か村から出すようにお命じください。人足や資材の一部はわれわれの村で負担しますので、それ以外の人足の労賃や資材を、幕府のほうでご負担くださるようお願いします。もし御普請が実現すれば、今はヨシが生えている所も耕地にしたいと思います。願いのとおり仰せつけていただければ、大勢の百姓が助かり、ありがたき仕合せに存じます。

寛政九年時には松戸宿までの流路延長願いでしたが、ここではさらに南方の栗山村までの流路延長を出願しています。以上の村々の願い出を受けて、享和元年一一月から、幕府普請役らによる現地見分が始まりました。しかし、年末に差しかかったため、見分は途中までで一時中断しました。翌享和二年五月に見分が再開されましたが、坂川の新たな流路に当たる村々（松戸宿・小山《こやま》・上矢切《かみやきり》・中矢切《なかやきり》・下矢切《しもやきり》・栗山の各村）が、流路の変更に強く反対しました。新流路予定地の村々は、次のように主張しました。

坂川の普請を願い出ている一四か村が蒙っている水害の程度は、一四か村が主張するほど甚大なものではありません。一四か村の石高合計四六九六石のうち、水害に遭っているのは一六一一石で、残る三〇八五石は被害を受けていません。また、田畑の近辺の堀でコイ・フナ・ウナギなどが獲れるので、出願した村々の村人たちの暮らしはむしろ豊かになっています。

新流路の開削によって、松戸宿では水戸道中《みとどうちゅう》（江戸から水戸に至る街道。松戸はその宿場でした）を通る御武家様方の通行に支障が出てしまいます。移転しなければならない家屋も発生します。さらに、水害の危険も増大します。

また、松戸宿より江戸川の下流側で新水路が通る予定の小山《こやま》・上矢切《かみやきり》・中矢切《なかやきり》・下矢切《しもやきり》・栗山の五か村は、ただでさえ困窮しているところに、新水路開削によって、いっそう水害に遭いやすくなってしまいます。また、田畑や住居だった所に水路を通されるのも困ります。

さらに、出願した村々は、坂川両岸の堤防の普請も願っていますが、堤防によってかえって排水が妨げられて、大雨の際には、出願した村々の上流に位置する村々の耕地が溜め池同様になってしまいます。

以上のことから、出願した村々の要求どおりの普請をすれば、かえって今以上に水害に遭う耕地が増えてしまいます。

ここまで年表を補足するかたちでみてきたように、享和元年には、坂川沿いの一四か村は、坂川の流路を延長して、坂川の水を江戸川に放出する地点を、現状の古ケ崎村から、さらに江戸川下流の松戸宿や栗山村にすることを計画しています。そうすることで、坂川の流れをよくし、排水機能を高めようというわけです。

しかし、新流路の予定地とされた松戸宿以南の村々の側は、村内を新たに坂川が通ることによって水害の危険が増すだけでなく、新流路の予定地の家屋を移転したり、田畑を用地として提供したりするのは迷惑だとして反対しているのです。

坂川の流路延長は、坂川流域の村々にとっては水害解消の切り札でしたが、新流路が通ることになる村々はそれに反対し、地元の意向はなかなかまとまりませんでした。

・改修の焦点は流路延長に移る

享和三年二月には、中・思井・芝崎（柴崎）・幸田・中金杉・大谷口・幸谷・二ツ木・三ケ月・前ケ崎・名都借・根木内・酒井根・栗ケ沢・野々下・市野谷・後平井・前平井・古間木・中新宿の計二〇か村が、幕府に次のように願っています。この二〇か村は、いずれも台方の村々です。

享和元年に、鰭ケ崎村など一四か村が、坂川の「堀替《ほりかえ》・浚《さらい》・新規囲堤等之御普請《しんきかこいつつみなどのごふしん》」（流路変更・川浚い・堤防建設などの御普請）の実施を、幕府に出願しました。それを受けて、享和元年と同三年に、幕府の御役人様の御見分があり、工事計画が立案されました。そして、工事の際には、私ども二〇か村にも人足が割り当てられるという話を聞きましたので、工事に関して私どもの見解を申し上げます。

坂川の鰭ケ崎村から下流の幸田・中金杉・幸谷・大谷口・二ツ木・三ケ月各村の領域にかけては、坂川に土手《どて》（堤防）はなく、川べりまで耕地になっています。それが、今回、新たな流路や土手ができては、耕地が土手の敷地になって潰れてしまいます。

宝暦年間に同様の出願があった際に、幕府が御判断なさったように、新規の工事が行なわれると、かえって坂川の排水不良が生じて、流域の一二、三か村の耕地が水浸しになり作物が腐ってしまいます。

台方村々は、享保八年の御普請のとき以外は、坂川の普請に人足を出してきませんでした。享保八年の場合も、以後の先例とはしないという条件付きで人足を出したのです。

また、台方村々は近年、幕府のために各種の人足を差し出さなければならず、そちらに人手をとられて、田畑の手入れが行き届かないありさまです。このうえ、坂川の御普請人足を割り当てられては、ますます農作業に支障が出てしまいます。

どうか、御普請は私どもの耕地が土手の敷地になったり、水害の危険が増したりすることのないようなかたちで行なってください。また、台方村々への人足の割当てはおやめください。

このように、台方村々も、新流路開削予定地の村々とはまた別の理由からですが、やはり一四か村の出願に反対しています。台方村々の反対理由は、一八世紀におけるそれと共通しています。こうしたあちこちからの反対意見が影響したのでしょうが、享和三年閏《うるう》一月に幕府役人による実地見分があったものの、工事の着工には至りませんでした。

以上みたように、一八世紀後半には、坂川沿いの村々と台方村々が、坂川の土手の建設や、普請のための人足差し出しなどをめぐって対立していました。その後一九世紀にかけては、上記の対立に加えて、坂川沿いの村々とそれより江戸川下流域の村々とが、坂川の流路延長をめぐって対立するというように、対立の構図と争点が変化してきたのです。

第四章　坂川の流路延長を目指して

・一九世紀における推移

本章では、前章を受けて、一九世紀における坂川改修の経過をみていきましょう。坂川改修をめぐるその後の推移を、また年表風に記してみます。

文化《ぶんか》元年（一八〇四）六月　坂川組合村々が、坂川改修を幕府に出願する。
文化二年三月　また幕府に出願する。
文化三年八月　またまた幕府に出願する。
同年　一一月　幕府役人が、村々が掘り継ぎ（坂川の流路延長）を願った場所を見分する。
同年　一二月　根本《ねもと》・松戸・小山・上矢切・中矢切・下矢切・栗山の七か村が、見分に来た幕府の普請役に、坂川の江戸川への落とし口（排水地点）を今より下流に付け替えることには反対の旨を申し出る。
文化五年三月　坂川組合村々が、幕府に出願する。
同年　四月　幕府が出願村々を呼び出す。
同年　九月　村々が、幕府役人の廻村先へ出願する。
同年　一一月　村々の代表が幕府の役所に呼び出されたが、願いは取り上げられず。

文化六年九月　出願村々が、幕府役所に呼び出される。
同年　一二月　幕府役所に呼び出される。
文化七年二月　幕府役所に呼び出される。
同年三月、九月　また、幕府役所に呼び出されるが、願いは取り上げられず。
文化九年八月　村々が幕府に、普請箇所の絵図面を提出する。

渡辺庄左衛門（寅）が架けた橋に使われた石材
彼は、当地の川や水路に自費で100か所の石橋を架ける誓いを立てました。この石材は、文化12年に架けられた、48番目の橋の部材です。現在、幸谷の赤城神社の境内にあります。ただし、どこに架かっていた橋かは不明です。

文化一〇年一月　幕府役人の現地見分がある。
同年　二月　村々から幕府に請書《うけしょ》（普請の実施計画についての承諾書）を提出し、坂川の新規掘り継ぎが決定する。
同年　一〇月　工事開始。
同年　一二月　竣工《しゅんこう》（坂川の「第一次掘り継ぎ工事」完成）。

松戸宿の赤圦にある坂川の樋門
「第一次掘り継ぎ工事」によって、坂川はこの先で江戸川に注ぐようになりました。

・「第一次掘り継ぎ工事」の完成

以上の経緯に補足しておきましょう。

文化一〇年三月に、中金杉《なかかなすぎ》・幸田《こうで》・中《なか》・芝崎《しばさき》四か村は、鰭《ひれ》ケ《が》崎《さき》村など一四か村が実施しようとしている、坂川の川浚いや流路延長の工事に関して、鰭ケ崎村から横須賀村までの間で川幅を拡張するようなことがあっては四か村に支障が出るので、同所の現状変更を認めないよう、幕府に願っています。

幕府からは、今回の工事は四か村の支障になるようなものではないとの説明を受けて、文化一〇年五月に四か村側も了承しています。なお、このとき、四か村側は、坂川というのは横須賀村にある橋より下流のことであり、それより上流は境川《さかいがわ》というのだと述べています。

このようにさまざまな経緯がありましたが、ついに文化一〇年には、伝兵衛新田の一

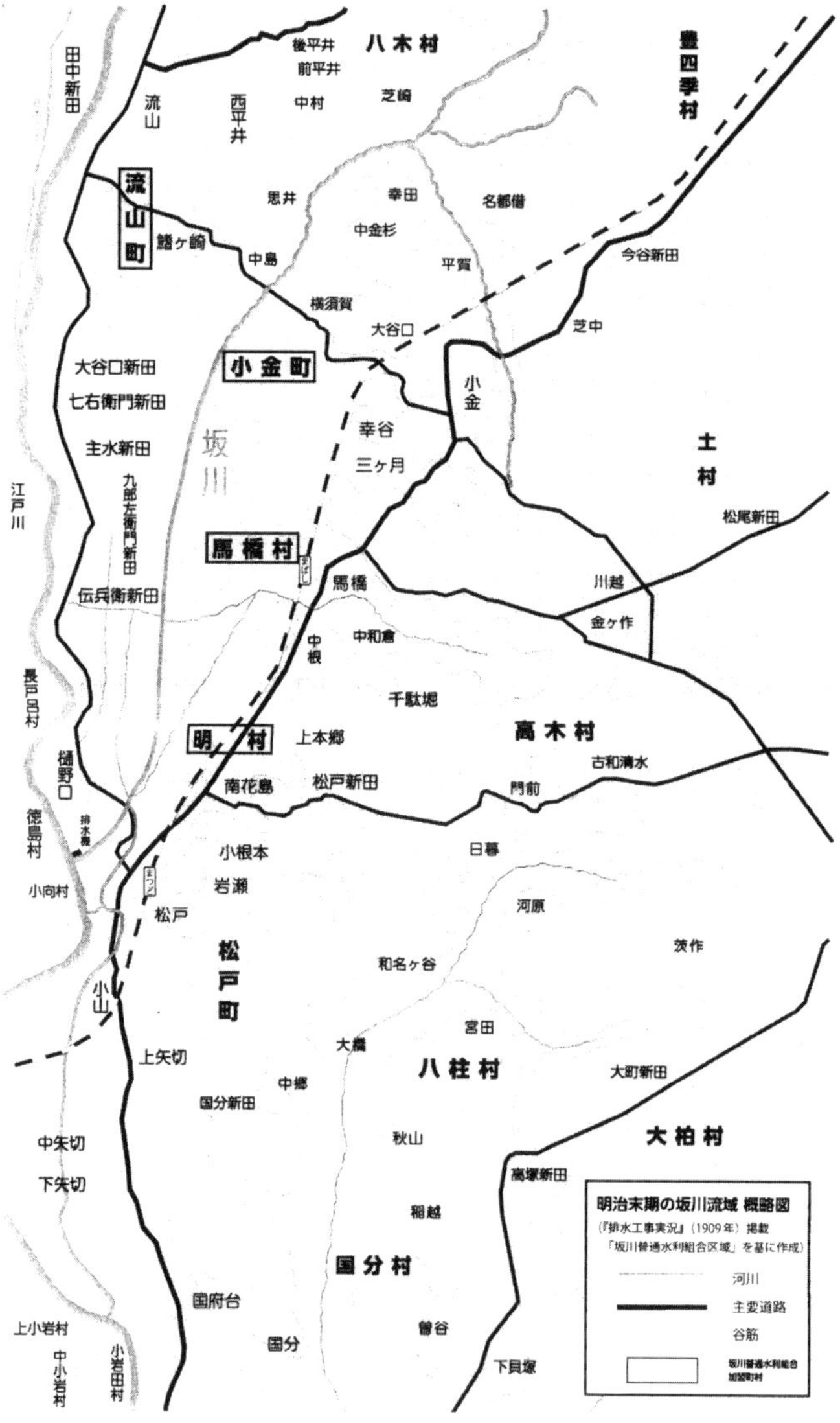

図 11　明治末期の坂川流域概略図（林幸太郎氏作成）

本橋から松戸宿の江戸川堤防（横手堤《よこてづつみ》）までの総延長一九〇六間半（二〇五六間ともいいます。一間は約一・八二メートル）にわたって、坂川の新水路が開削され、坂川の水は松戸宿の赤圦《あかいり》において江戸川に排水されることになりました。このとき、松戸宿では、実際に潰地《つぶれち》（新水路の敷地となった耕地や宅地）が発生しました。

この工事では、幕府は人足の食費や賃金、資材購入費として金約二二〇九両を支出しました。村々の側でも、金二五〇両余と人足三八六八人を負担しました。ただし、この人足三八六八人という数は、村人たちが無償で働いた分だけです（幕府からの賃金を受け取った人も含めた総人足数は不明）。この文化一〇年の流路延長工事を、坂川の「第一次掘り継ぎ工事」といいます（延長された流路については図9、11参照）。

文化一〇年の時点で掘り継ぎ工事が実現した理由は、次のように考えられます。

第一に、流路の延長が松戸宿までで、それより南には及ばなかったために、小山村から栗山村までの五か村には直接の影響が出なかったことです。

第二に、台方村々には人足の負担が課されなかったため、台方村々の反対が抑えられたことです。

第三に、工事が幕府の費用負担による御普請として実施されたことで、出願した一四か村の負担がかなり軽減されたことです。

こうした理由によって、掘り継ぎ工事が実現したのでしょう。

・掘り継ぎによっても課題は残る

さらに、「第一次掘り継ぎ工事」完成以降の状況をみていきましょう。文化一二年（一八一五）五月に、小金領一一か村組合（坂川組合）のうち九か村（流山・木・七右衛門新田・主水新田・九郎左衛門新田・三村新田・大谷口新田・伝兵衛新田・馬橋〈幕府領分〉。坂川組合の残り二か村は古ケ崎村と小金町）が、鰭ケ崎・横須賀・西平井・馬橋（田中藩領分）の四か村に宛てて、坂川の藻刈《もか》りに関する文書を差し出しています。藻刈りとは、水路のなかに繁茂する水草を刈り払って、水の流れをよくすることです。村々が担当箇所を決めて、分担・協力しつつ藻刈りを行なったのです。また、馬橋村は村内が幕府領と田中藩（本多氏）領に二分されていたため、この文書では幕府領分が差出人の側に加わり、田中藩領分が宛先になるという具合に分かれています。

この文書には、

①「第一次掘り継ぎ工事」によって、坂川の排水機能が改善したこと

②その後、水路に藻が生えてきたが、組合一一か村だけではすべてを刈り払うことができないため、水の流れに支障が出てきたこと

③そこで、鰭ケ崎・横須賀・西平井・馬橋（田中藩領分）の四か村に援助を求めたところ、承知してもらえたこと

④ただし、今回の四か村による援助は、以後毎年の定例とはしないこと

が記されています。

藻刈りへの援助は、鰭ケ崎・横須賀・西平井・馬橋の四か村に加えて、大谷口・幸谷・三ケ月・

二ツ木の各村も行なっていました。また、幕府普請役も現地を巡回して、村々の藻刈りを指導しました。天保《てんぽう》二年（一八三一）に、大谷口新田では、藻刈りのために幸谷村の浅右衛門《あさえもん》を雇っています。彼に毎年銭《ぜに》一貫《かん》ずつを支払って、大谷口新田の担当箇所（長さ七七間〈約一四〇メートル〉）の藻刈りを代行してもらったのです。

一方、「第一次掘り継ぎ工事」は、残念ながら想定したほどの効果をあげられませんでした。文政《ぶんせい》七年（一八二四）時点で、坂川組合一一か村は、畑の総面積一九三町《ちょう》三反《たん》七畝《せ》二四歩《ぶ》のうち、水害の危険がないのは三四町八反三畝に過ぎず、残りの一五八町五反四畝二四歩は水害に遭いやすいと述べています。排水不良は、解消されなかったのです。そのため、坂川組合の村々から、再度の御普請を求める声があがりました。

・流路の再延長を目指す

坂川の流路を延長して、江戸川への排水地点を古ケ崎村からより江戸川下流の松戸宿に移しても、まだ十分な排水機能を発揮しない以上、今度は流路をさらに南方に再延長して、従来の排水地点に加えて、より下流でも江戸川に排水しようという計画が浮上することになります。この流路再延長工事を実現するには、新たな流路が通る村々の同意を取り付けたうえで、幕府の承認を得る必要がありました。

まずは、新流路予定地の村々との交渉です。新流路予定地の村々とは、松戸宿・小山・上矢切・

中矢切・下矢切・栗山の六か村です。この六か村を下郷《しもごう》といいます。下郷六か村との交渉を中心的に担ったのは鰭ケ崎村の渡辺庄左衛門《しょうざえもん》章敬（睦、先述した庄左衛門充房の孫、庄左衛門寅〈文政二年没〉の子）でした。鰭ケ崎村は坂川組合の構成村ではありませんでしたが、坂川組合の村々と利害関係を共有するところがあったため、同一行動をとったのです。坂川組合村々がすべて幕府領（馬橋村は一部のみ）だったのに対して、鰭ケ崎村は田中藩本多氏領だったため、坂川組合には加わらなかったのでしょう。それでも、渡辺家は、三代にわたって、坂川の改修・流路延長に中心的な役割を果たしました。

渡辺庄左衛門は、文政一一年（一八二八）一一月に、まず松戸宿の名主吉岡隼人《はやと》と相談して、それからほかの五か村との交渉を始めました。一一月二三日に、松戸宿の旅籠屋《はたごや》（旅館）・三河屋《みかわや》において、庄左衛門と下郷《しもごう》五か村（小山・上矢切・中矢切・下矢切・栗山）の代表との会談がもたれました。そこでの議論の内容は、次のとおりです。

①下郷五か村は、坂川の新水路を自村内に通すことを了承する。
②新水路には、一四か所の橋を架ける。橋の修復代金は坂川組合から出金し、実際の作業は地元村が行なう。
③新水路が通る土地の持ち主への補償金は、面積一反《たん》当たり金一〇両とし、坂川組合村々が負担する。
④新水路の開削《かいさく》によって、周辺の耕地約五〇町《ちょう》が、水害に遭う危険が高まる。その補償として、

渡辺庄左衛門が、石高《こくだか》一〇〇石（＝面積一〇町）につき金六〇両、合計金三〇〇両を支払うことを提案したのに対して、下郷五か村の側は金八〇〇両を要求したため、この点については合意に至らず、後日あらためて相談することになった。

④のように一部見解の相違が残った点もありましたが、文政一一年一一月二三日の時点で、坂川組合と下郷村々の代表との間で、新水路開設について大筋で合意が成立したのです。

一一月二六日には、坂川組合一一か村に台方の七か村も加わって、一八か村から幕府に御普請を出願することが決まりました。そして、一二月に、庄左衛門が江戸に出て幕府に願書を提出しました。しかし、文政一二年一月に、村々の出願は却下されてしまいました。そこで、村々では、同年二月に再度願い出ました。この出願は、幕府内の各役所をたらい回しにされましたが、ようやく幕府普請役鈴木岩九郎《いわくろう》が下郷村々の反対派を説諭することを引き受けてくれました。それでも、すぐに願いが聞き届けられはしませんでした。村々の側に、さらなる努力が求められたのです。

・連合の輪を広げる

文政一二年八月七日に、馬橋《まばし》村に、坂川組合一一か村と台方一三か村の代表が集まりました。その席で、坂川組合村々から台方村々に、幕府への出願に参加してくれるよう要請がなされました。出願に加わる村の数が多いほど、幕府への影響力が強まるからです。なお、台方一三か村とは、西平井・鰭ケ崎・横須賀・大谷口・二ツ木・幸谷・三ケ月・中根・新作・上本郷・南花島・竹ケ花《たけがはな》・

根本（大根本）の各村です（ここでは、鰭ケ崎村も台方村々に含まれています）。

八月七日の話し合いを踏まえて、坂川組合側代表の古ケ崎村年寄《としより》（村役人の職名）宇八《うはち》と鰭ケ崎村名主（渡辺）庄左衛門から、幸谷村《こうやむら》の名主たち（幸谷村には名主が三人いました）に宛てて、以下の事を定めた「議定一札《ぎじょういっさつ》」(取り決め書)が差し出されました。幸谷村は、台方一三か村の一つです。

①今回の坂川組合村々からの出願には、幸谷村も加わる。しかし、幸谷村が坂川組合村々と同一行動をとるのは今回限りとする。坂川の新水路が完成して以降は、幸谷村は坂川組合村々との連合はしない。

②幸谷村は、出願にかかる費用を負担する必要はないし、新水路の完成後もいっさい出金しなくてよい。

③ただし、耕地の排水が良好になれば、互いに「永続之基《えいぞくのもとい》」（村々が永続する基礎）となるので、その時々の事情に応じて、協議のうえ幸谷村からも坂川関係の人足を出すことはあり得る。

このように、今回の出願に限って、幸谷村も加わることにしたのです。しかし、出願が許可され、新水路が完成したら、また関係を解消することとされました。ただし、場合によっては、労働力の提供などの協力をすることはあり得るとしており、将来の柔軟な対応が想定されています。

坂川組合の側では、出願に加わる村の数を増やすことが大事でした。そこで、新たな負担はかけないという条件で、幸谷村にも出願に参加してもらったのです。このとき、坂川組合では、ほかの台方村々とも同様の取り決めを結んだかもしれません。こうして、坂川組合一一か村と台方一三か村の計二四か村による、坂川の新水路開削を目指す時限的な組合（村々の連合組織）が結成されました（ただし、これより早く寛政五年（一七九三）にも二四か村のつながりは存在していました）。

こうして数を増やした村々は、天保《てんぽう》元年（一八三〇）一一月に、あらためて幕府に出願しました。すると、同年一二月に、村々の代表が幕府の役所に呼び出され、翌年春に実地見分する旨を伝えられました。そして、天保四年に至って、幕府はようやく坂川の新水路を開削する方針を固めました。坂川の掘り継ぎの実現には、関係村々の同意と幕府の許可の両者が必要でしたが、ここにようやく後者も実現したのです。

・意見の対立が騒動に発展

しかし、これで問題がすべて解決したわけではありませんでした。幕府の新水路開削方針に対して、新水路が通ることになる七か村は、

①松戸宿・根本村などでは、新水路の左右の高場《たかば》（比較的高い所）にある田の水が、新水路に吸収されて干害《かんがい》（水不足による作物の被害）が発生すること

②ほかの五か村（小山・上矢切・中矢切・下矢切・栗山の各村）では、低地にある耕地が水害に遭いやすくなること

③水路や堤防の敷地に取られて、潰れ地になる地所が出ること

④松戸宿内を新水路が通ることにより、水戸道中の通行に支障が出ること など、従来と同様の理由をあげて反対しました。文政一一年一一月にいったんは大筋合意した新水路予定地の村々（下郷村々《しもごう》）が、ここでまた反対の意向を表明したのです。文政一一年の合意は、関係村々の村役人間での合意でした。しかし、新水路予定地村々の一般の村人たちが、村役人間の合意にもかかわらず、新水路開削にあくまで反対したのでしょう。

それでも、天保四年一二月には幕府役人による実地調査が行なわれ、坂川流域の村々から案内人や人足が出ました。すると、下郷村々の者たちが小山村の浅間山《せんげんやま》に集結し、幕府役人の調査を妨害したのです。そして、小山村において、下矢切村の百姓ら五人が先頭に立って、人足に出ていた古ケ崎村の百姓ら七人に暴行を加えました。このとき、人足に死者やけが人が出たため、調査は中止になってしまいました。

下郷村々の者たちは、幕府役人にも乱暴をはたらこうとしましたが、役人の一人が「下郎《げろう》（低い身分の者）、下がれ」と一喝《いっかつ》したので引き下がったということです。騒動の首謀者は牢に入れられ、なかには牢内で死亡した者もいました。のちに、掘り継ぎを出願した村々から、乱暴した者たちの赦免《しゃめん》を嘆願し、出願村々と下郷村々の間で示談が成立しています。

騒動後の天保四年一二月二三日になっても、松戸宿・小山・上矢切・中矢切・下矢切・栗山の六か村の代表は、「われわれは、たとえ牢に入れられて、一命を落とすようなことになろうとも、絶対に新水路の開削を受け入れることはできない。これまで何度もその旨を幕府に訴えてきた。そのために、多人数が江戸に詰めて、莫大な費用を費やしてきた。その負担のため、下郷村々の百姓たちは困窮に陥っている。新水路については、銘々一命をかけて反対しているところであり、このうえ御役人様からいかように説得されようとも承服することはできない」と、あくまで反対する決意を述べています。

・ついに合意が成立

それでも、近隣の有力者が仲裁に入った結果、天保五年（一八三四）七月に、松戸宿・小山・上矢切・中矢切・下矢切の下郷五か村と、古ケ崎・流山・木・七右衛門新田・主水新田・九郎左衛門新田・三村新田・大谷口新田・伝兵衛新田・馬橋・小金町・鰭ケ崎の一二か村（坂川組合村々＋鰭ケ崎村＝出願の中心になった村々）との間でようやく合意が成立し、合意内容を記した議定書《ぎじょうしょ》（取り決め書）が結ばれました。その内容は、以下のとおりです（重要な箇条を抄出）。

〈主に松戸宿に関する箇条〉

①坂川の新水路は、基本的に幕府の普請役の見分結果と工事設計に従って開削する。

②松戸宿の西側裏手に新水路を通すことになるので、江戸川の河岸場《かしば》（船の荷物を揚げ降ろしする場所）での営業に支障が出ることが予想される。そこで、これまで松戸宿から上納してきた「津役永《つやくえい》」（河岸場の営業税）のうち永一〇貫（＝金一〇両）分については、出願した村々（前記一二か村）が以後毎年負担する。

③出願村々から河岸場で営業する者たちに、工事着工の翌年から四年のうちに金七〇両を渡す。

④松戸宿内の新水路に架ける土橋七か所の修復や架け替えの費用については、出願村々からあらかじめ一定額を松戸宿に渡しておく。松戸宿ではその元金をほかへ貸し付け、その利息を用いて修復や架け替えを行なう。元金は、工事着工の翌年から三年のうちに、出願村々から松戸宿に渡す。

ただし、修復や架け替えが臨時に御普請で行なわれた（すなわち幕府の費用負担で行なわれた）場合は、松戸宿の負担がないので、そのときには貸付利息の七年分を出願村々に渡す。

⑤松戸宿内で新水路の用地に当たる田畑・宅地に対する補償金の額は、文化一〇年（「第一次掘り継ぎ工事」）のときの補償金額に準じて決めて、工事着工のときに出願村々から用地の所有者に渡す。

⑥新水路が通ることになった土地にかかる年貢は、出願村々が毎年負担する（この箇条は松戸宿だけでなく下郷五か村に共通）。

⑦松戸宿内で新水路が通ることになった土地にかかる雑税は、文化一〇年のときのやり方に準じて、工事完成の年から三年間は出願村々が毎年負担する。それ以降は出願村々から相応の金額を下郷村々に渡すので、松戸宿ではそれを貸付に回して、その利息を用いて毎年雑税を上納する。

⑧新水路に当たる住居の引越し費用は、仲裁者が金額を見積もり、工事着工前に出願村々から家作の所有者に渡す（この箇条は下郷五か村に共通）。

⑨松戸宿内の水戸道中に樋《ひ》を伏せ置き（水路をトンネルによって道の下に通す）、坂川の水を江戸川に放出することになるが、洪水の際には放水口の所から堤防が決壊しやすい。そこで、放

水口の上流か下流で堤防が決壊したときは、関係村々で放水口の防備に当たる。

〈主に松戸宿以外の四か村に関する箇条〉

⑩小山村の字《あざ》（村内の小地名）横手堤《よこてづつみ》の土橋は、流されないよう頑丈に造る。

⑪小山村など四か村（小山・上矢切・中矢切・下矢切）において、新水路と農道などが交差する所に架ける橋の修復や架け替えについては、松戸宿内の橋の場合と同様のやり方（④を参照）で行なう。

⑫小山村など四か村で新水路の用地に当たる田畑・宅地に対する補償金の額は、当時の土地の質入れ値段を基準にして定め、工事着工の際に、出願村々から土地の所有者に渡す。

⑬小山村など四か村で新水路が通ることになった土地にかかる雑税は、工事着工の年から三年間は出願村々が毎年負担する。それ以降は出願村々から相応の金額を四か村に渡すので、村々ではそれを貸付に回して、その利息を用いて毎年雑税を上納する。

⑭坂川の新水路ができると、出願村々の耕作条件は良好になるが、下郷村々は水害に遭いやすくなる。そこで、出願村々がこれまで幕府からいただいていた凶作年の手当金（凶作による農業収益の減少を補塡するために下付された金）のうち金三二九両を、工事完成から三年目の暮れに、水害の危険が増える小山村などに譲渡する。

⑮坂川の左右の堤防の破損箇所については、毎年地元村と出願村々が立ち会い、幕府の担当役人に必要経費を見積もってもらう。そして、出願村々が必要経費を負担し、実際の工事は地元村で行なう。

⑯天保四年一二月の騒動に関わったとして捕縛され、取り調べ中に牢内で死亡した上矢切村の二人と下矢切村の三人について、残された妻子の生活費として、出願村々から金一〇〇両を渡す。

〈五か村全体に関わる箇条〉

⑰今後の普請期間中、出願村々の人足が地元村の世話になるので、その挨拶料として出願村々から金五〇両を下郷五か村に渡す。

⑱天保四年一二月の騒動の際に、幕府役人が召し連れていた人足のうち、大谷口新田の三人と古ケ崎村の四人が傷を負った。彼らの治療費などは下郷村々が負担すべきものだが、新水路の開削について合意が成立したので、出願村々も治療費の一部を出金して、負傷者の妻子の生活費を保障する。負傷者のほうでも、今後遺恨を抱かない。現在幕府の取り調べを受けている下郷五か村の者たちについては、出願村々も下郷村々と一緒になって、幕府に放免を願う。

以上が、出願一二か村と下郷五か村との合意内容です。⑥、⑦、⑬について補足すると、新水路の用地になった耕地・宅地にかかる年貢・雑税は、新水路が通ったあとも免除されなかったため、その分については出願村々が負担することを定めているのです。

天保四年には強硬に反対していた下郷村々が天保五年には合意に転じたのは、この議定書にあるように、出願村々から手厚い補償がなされたからでした。また、議定書の②では、新水路は松戸宿の西側裏手を通すことになっていましたが、これでは多数の民家が移転を余儀なくされるとともに、水戸道中の通行や江戸川の河岸場での輸送業務に支障が出る心配がありました。そこで、天保五年一二月には議定書の②の箇条を変更して、新水路は松戸宿の東側裏手を通すことになりました。ここにも、出願一二か村側の配慮がみられます。そして、天保五年一二月には、坂川掘り継ぎを担当する幕府役人が決まりました。

・天保六年の状況

天保六年二月には、長崎・野々下《ののした》・東平賀《ひがしひらが》・栗ケ沢《くりがさわ》・殿平賀《とのひらが》・八ケ崎《はちがさき》・上総内《かずさうち》・思井《おもい》・前ケ崎《まえがさき》・柴崎《しばさき》（芝崎）・中金杉《なかかなすぎ》・後平井《うしろひらい》・市野谷《いちのや》・名都借《なずかり》・平賀・古間木《ふるまぎ》・幸田《こうで》・前平井・中・酒井根《さかいね》・久保平賀・根木内《ねぎうち》・中新宿《なかしんじゅく》の計二三か村が、前ケ崎村組頭作左衛門《さくざえもん》と柴崎村名主常右衛門《つねえもん》を代表に立てて、幕府に次のように訴えています。この二三か村は、いずれも台方の村々です。

　このたび、坂川沿いの一一か村（実際は一二か村）が、坂川の流路を延長するための御普請を願い出ました。そこで、幕府の担当の御役人様が、私ども二三か村に対して、「二三か村も一一か村とは水をめぐるつながりがあり、坂川の御普請に人足を出した先例もあるので、今回も各村の村高《むらだか》（村全体の石高。村の規模や経済力の指標になる）に応じて、人足《にんそく》（労働者）を差し出すように」とお命じになりました。

　しかし、私ども二三か村は、これまで坂川沿いの一一か村とはひとまとまりの組織になったことがありません。さらに、今は水不足のために不作になり、村人たちは困窮しておりますので、人足を差し出すのは困難です。そこで、人足の差し出しを免除してくれるようお願いしましたが、却下されてしまいました。

もともと、私どもの村は農業用水が不足がちで、雨水に頼って農業をしてきました。ところが、昨天保五年以来の水不足のため、今年の作付けができるかどうか心配している状況です。そうしたときに人足の差し出しを命じられては、さらに困窮がひどくなってしまいます。

享保八年（一七二三）の坂川の流路変更工事のときには、私どもの村からも人足を出しましたが、それは以後の先例とはしないという条件で出したものです。その後、享保一七年に坂川の川浚いに人足を出すよう命じられたときには、享保八年の件は前例にならない旨を申し上げて、免除していただきました。さらに、元文《げんぶん》五年（一七四〇）と宝暦八年（一七五八）の御普請の際にも、人足は差し出しておりません。文化一〇年（一八一三）に、伝兵衛新田の一本橋から松戸宿まで約一八〇〇間（約三・二八キロメートル）の流路延長工事（「第一次掘り継ぎ工事」、このときの工事区間の長さについては文書によって異同があります）を行なったときも、私どもの村は人足を差し出しておりません。

私どもの村は幕府からさまざまな労役を課されるうえに、作物を猪や鹿に食い荒らされて収穫が減っています。それを補うために、村人たちは村外に奉公に出たりして、人口が減少していきます。そこへ今回人足を差し出すようなことになれば、農作業が行き届かなくなり、村人たちは経営破綻してしまいます。どうか、人足の差し出しを免除してくださるようお願い申し上げます。

以上の二三か村の訴えに対して、幕府は、天保六年二月に、
①今回の流路延長は自普請《じふしん》（村側がすべての人足と経費を負担して行なう工事）で行なうこと
②坂川組合一一か村の耕地の排水状況を改善することは、農業生産の増大↓年貢収入の増大というかたちで幕府のためにもなること
③二三か村に人足の差し出しを命じるのは、幕府の強い意向であること
などを言い聞かせました。

自普請となるぶん、一一か村の負担が重くなるので、二三か村も協力せよということでしょう。また、一一か村がいずれも幕府領だということもあって、一一か村の耕地を水害から守ることは幕府のためにもなるとして、二三か村に強く負担を求めているのです。しかし、これは自普請というかたちで幕府が費用負担をしないかわりに、二三か村に労働力負担を押し付けるものであり、二三か村側ではすぐには承服できませんでした。

・重い経済的負担をどうするか

ところで、普請の実現を幕府に嘆願するには、何度も江戸へ行く必要がありました。その際にかかる旅費や宿泊費は多額にのぼり、それは各村の村人たちが分担して負担しなければなりません。それは村人たちにとって、大きな重荷になりました。すぐには出金できない村人も、少なくありませんでした。そのときは、有力百姓が立て替えて出金したり、ほかから借金して調達したりしまし

た。それらは、いずれ村人たちが出金して精算しなければなりません。そうした出願費用のやりくりの一例をみてみましょう。

古ケ崎村《こがさきむら》の宇八《うはち》、流山村《ながれやまむら》の又八《またはち》、九郎左衛門新田《くろうざえもんしんでん》の政七郎《まさしちろう》の三人は、村々の惣代（代表）として出府《しゅっぷ》(江戸に行くこと)し、その際にかかった費用を立て替えていました。立替額は、宇八が金《きん》二〇両、又八が一〇両、政七郎が五両でした。それについて、天保六年二月に、坂川組合一一か村の代表たちが、宇八ら三人に宛てて、立て替えてもらった金額の精算方法を取り決めた一札《いっさつ》（文書）を差し出しています。

立替という点でいえば、もっとも多額の負担をしたのは鰭ケ崎村《ひれがさきむら》名主の渡辺庄左衛門《しょうざえもん》家でした。同家は、安永一〇年（＝天明元年、一七八一）四月から天保五年（一八三四）一二月までの間に、坂川の普請の出願にかかった費用のうち、金一一八七両三分《ぶ》三朱《しゅ》と銭《ぜに》八貫《かん》二七五文《もん》を立て替えていました。仮に一両＝一〇万円とすると、約一億一九〇〇万円に相当する大金です。「第二次掘り継ぎ工事」の開始前に、すでにこれだけの金がかかっていたのです。この金は本来出願した村々が負担すべきものですから、出願村々から渡辺家に支払わなければなりません。

しかし、天保六年五月の時点では、そのうちわずか金四三両しか支払われていませんでした。残金が、金一一四四両三分三朱と銭八貫二七五文もあったのです。そこで、天保六年五月二八日に、出願一二か村から渡辺庄左衛門に対して、立て替えてもらった分の支払計画書が渡されています。その内容は、次のとおりです。

①金四四両三分三朱と銭八貫二七五文は、ただちに支払う。
②金五〇両は、一二か村の出願費用総額のうち鰭ケ崎村が出金すべき分のなかから、庄左衛門が引き取る（庄左衛門が、鰭ケ崎村のほかの村人たちから受け取る）。
③金五五〇両については、坂川新水路開削が御普請（幕府の費用負担による工事）で行なわれることになったなら、幕府から支払われる人足の賃金のうちから庄左衛門が引き取る。
④金五〇〇両は、天保六年暮れから年に金五〇両ずつ、一〇か年賦で支払う。

以上の支払い方法を記したうえで、出願一二か村側は、「庄左衛門殿に格別の配慮をしていただいて、前記のような支払方法を取り決めたからには、期日どおりに必ず全額お支払いします。庄左衛門殿が数年来、新水路開削に心を砕いてくださったおかげで、われわれは末永く安心して家を相続していけるのですから、この御恩はけっして忘却いたしません」と、支払計画書に記しています。

しかし、上記③では新水路開削が御普請で実施されることが想定されていますが、実際は自普請になってしまいました。したがって、幕府から人足賃は支払われません。そうしたこともあって、村々の支払いは計画どおりには進まなかったと思われます。

また、上記の取り決めに対して、工事完成後の天保七年閏《うるう》七月に、流山村・木村・七右衛門《しちえもん》新田《しんでん》・三村《みむら》新田《しんでん》・九郎左衛門新田の百姓たちが、それぞれの村の村役人に対して、取り決め内容について異議を唱えたようです。その具体的内容はわかりませんが、そこからも庄左衛門への支払いがスムーズに進まなかったことがうかがえます。村人たちは庄左衛門に恩義を感じていたものの、庄左衛門の巨額の立替金の精算には大きな困難がともなったのです。

・幕府も費用の一部を負担

天保六年六月には、出願一二か村と市川《いちかわ》・小山・下矢切・中矢切・上矢切・松戸宿・樋野口《ひのくち》各村の計一九か村の村役人たちが、幕府の勘定奉行所に、次のような請書《うけしょ》（誓約書）を差し出しています。ここには、これまでの出願一二か村と下郷村々に加えて、市川・樋野口両村が新たに加わっています。

鰭ケ崎村ほか一一か村の組合（出願村々）では、坂川の流路延長を年来お願いしてきました。幕府の御役人様が実地見分して、工事計画をお立てになったうえで、自普請での工事を許可してくださいました。

工事には多額の費用がかかるので、幕府にも費用負担をお願いしましたが認められませんでした。そこで、出願村々では、自普請の費用として、金二九〇〇両余を調達するめどをつけました。このうち一〇〇〇両はすでに調達したので、それを幕府の代官所に差し出しておき、必要に応じて下付してもらうようにします。また、七〇〇両は工事が始まったら、各所から借用することになっています。残りの一二〇〇両余は、新水路が竣工《しゅんこう》（完成）したときに借用する手はずが整っています。これらの資金を使って、新水路が通ることになる下郷村々の潰《つぶ》れ地代金（水路用地の補償金）や家作（かさく）の移転費用を、先の議定書（ぎじょうしょ）（天保五年七月の議定書、九三ページ以下）のとおりに支払います。

新水路をいっぺんに完成させることは困難なので、まず幅二間（約三・六メートル）の水路を通し、次いで二、三年のうちに幅六間（約一〇・九メートル）に広げたいと思います。ついては、工事に使う材木や金属製品の購入費などは、幕府のほうで御負担くださるようお願いします。それ以外の費用や労働力はすべて村側で負担し、各村で公平に分担支出します。

また、樋野口村は、排水不良で困っていたところ、今回坂川の新水路を建設するということで、新水路に一緒に排水させてもらうことにしました。この件については、出願村々や下郷村々の了解を得ています。樋野口村の排水路の工事は同村が自普請で行ないますが、材木や金属製品の購入費などは、幕府のほうで御負担くださるようお願いします。

市川・小山・下矢切・中矢切・上矢切・松戸各村は、このたび領域内を新水路が通ることになり、幕府の御役人様に新水路の設計をしていただきました。今後若干の変更があるかもしれませんが、出願村々とよく話し合って支障がないように工事を進めます。

新水路の工事については、万事御役人様の指図に従い、支障が出ないように行なうよう言い渡され、承知いたしました。そのため、このとおり御請証文《おうけしょうもん》（請書）を差し上げます。

以上の請書にあるように、工事は自普請とされましたが、材木や金属製品の購入費などを幕府のほうで相当程度負担してほしいという村々の要求は認められました。また、村々では、工事費用の

松戸宿における坂川の分岐点
手前が「第二次掘り継ぎ工事」による坂川の流路で、さらに下郷村々のほうに流れていきます。奥が「第一次掘り継ぎ工事」による坂川の流路で、この先の赤圦で江戸川に注ぎます。

一部を、幕府からの拝借金（借用金）で賄っています。工事費用については、村々の自己負担が基本だったとはいえ、幕府も一定の援助を行なったのです。そして、工事の指揮・監督には幕府普請役が当たりました。そうしたことから、この普請を「御普請」と記している文書もあります。出願村々と下郷村々の協力体制のもとで、関係村々が主体となり、幕府が指導・援助しての工事だったのです。

また、この時点で、坂川の江戸川への最終排水地点が、栗山村の南に位置する市川村の領域内とされていたこともわかります。

・ついに新水路が完成する

天保六年八月一七日に、いよいよ工事が開始されました。これを、坂川の「第二次掘り継ぎ工事」といいます。鮨ケ崎村にある東福寺《とうふくじ》の住職は、「新水路が完成すれば年々豊作になり、近隣の村人たちは飢えを凌ぐことができ、鼓腹《こふく》（十分に食べて腹鼓《はらつづみ》を打つこと）の楽しみを得て、天下安泰のよい兆《きざ》しとなる」と日記に記しています。同日、渡辺庄左衛門は東福寺住職に、工事の成就《じょうじゅ》を祈念してくれるよう頼み、住職は八月二三日まで七日間祈願を行なっています。

栗山にある柳原水閘《すいこう》
「第二次掘り継ぎ工事」によって延長された流路が江戸川に注ぐ手前に設けられた水閘（樋門）。江戸時代には木造でしたが、現在の樋門は明治 37 年に造られたレンガ製のもので、松戸市の指定文化財になっています。

天保六年八月に、古ケ崎村では、自普請にかかる費用に充てるために行なった借金の返済に関して、村人個々人の負担額を算出しています。借金の内訳は、他村の三人から計二〇〇両、古ケ崎村の二人から計五〇両、総計二五〇両でした。これを、村人各自の経済力に応じて差を付けつつ、それぞれに割り当てています。

新水路の工事が自普請となったため、出願村々はその費用の捻出に苦労しました。天保六、七年頃はちょうど飢饉《ききん》（天保の大飢饉）のさなかで、村人たちの暮らしはただでさえ厳しいものでしたから、普請費用の負担はいっそう重く彼らの肩にのしかかりました。そうしたときに、村人たちの負担を肩代わりして、工事の完遂に尽力したのが、鰭ケ崎村の名主・渡辺庄左衛門でした。

天保六年一二月の時点で工事に従事した人足の過半は、庄左衛門が賃金を負担して(立て替えて)、雇った人足たちでした。庄左衛門は、材木など工事資材の購入費用も出金しました。庄左衛門の貢献もあって、天保六年一二月までに、幅二間の水路が九割方出来上がりました。

それでも、まだ工事は完成ではありません。水路の幅を六間に広げたりする必要がありました。しかし、当時村人たちはその日の食糧にも事欠くありさまだったので、天保七年には、出願村々から庄左衛門に、同年に必要となる人足の賃金や資材購入費を立て替えて、工事を実施してくれるよう頼んでいます。また、新水路が通る下郷村々に支払う必要がある金六〇〇両(潰れ地の補償金などでしょう)も、庄左衛門に立替を依頼しています。そして、庄左衛門のこれまでの立替金や今回新たに立て替えてもらう金については、幕府からの拝借金によって返済することにしています。

庄左衛門の尽力を得つつ、工事は幕府普請役の指揮・監督のもと、村人たちの手で行なわれ、ついに天保七年四月二二日(二三日ともいいます)に竣工しました。この「第二次掘り継ぎ工事」によって、松戸宿から市川村の江戸川排水口までの二四八二間(約四・五キロメートル)の新水路ができたのです(図11、12)。安永一〇年(=天明元年、一七八一)に、初めて幕府に坂川の流路延長の願書を提出してから、実に足かけ五六年の歳月が流れていました。鰭ケ崎村では、四月二三日を休日にして、新水路の完成を祝っています。

天保七年五月には、大谷口《おおやぐち》・幸谷《こうや》・二ツ木《ふたつぎ》・三ケ月《みこぜ》・馬橋《まばし》・横須賀《よこすか》・鰭ケ崎《ひれがさき》・西平井《にしひらい》の八か村の村役人たちから幕府普請役に、「坂川の新水路が完成して、これまでより流路の総延長が長くなりましたが、われわれが相談して、一所懸命藻刈《もか》り（水路に生えた水草の除去）を行ないます」という誓約書を差し出しています。この時点では、坂川組合一一か村にこの八か村を加えた一九か村が藻刈組合（協力して藻刈りを行なう村々の連合組織）をつくっているようです。ところが、あいにく天保七年五月の大雨によって、坂川沿いの多くの耕地が水害に遭ってしまいました。村々の苦労は、さらに続くことになります。

坂川流域の村落

明治13年迅速図により作成

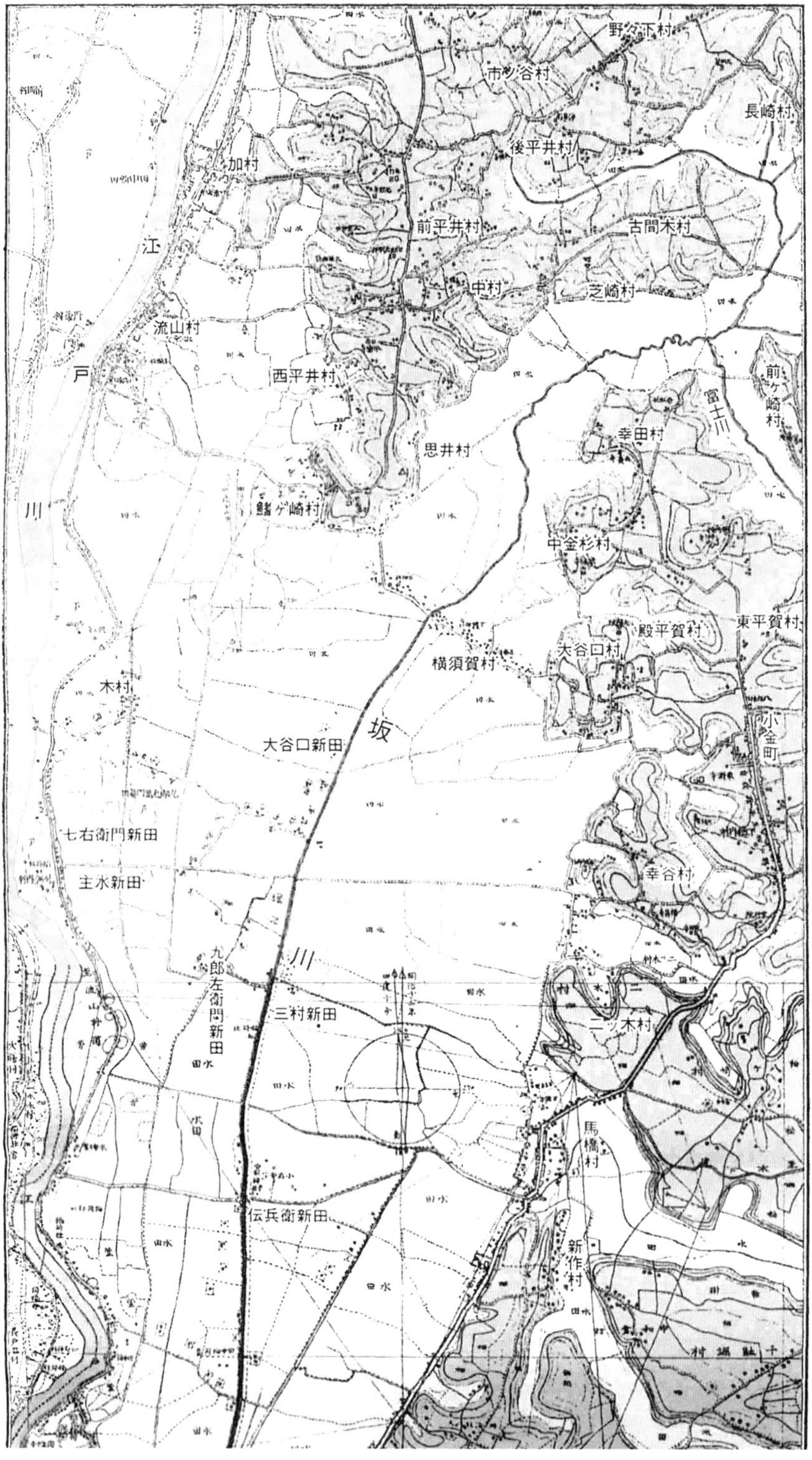

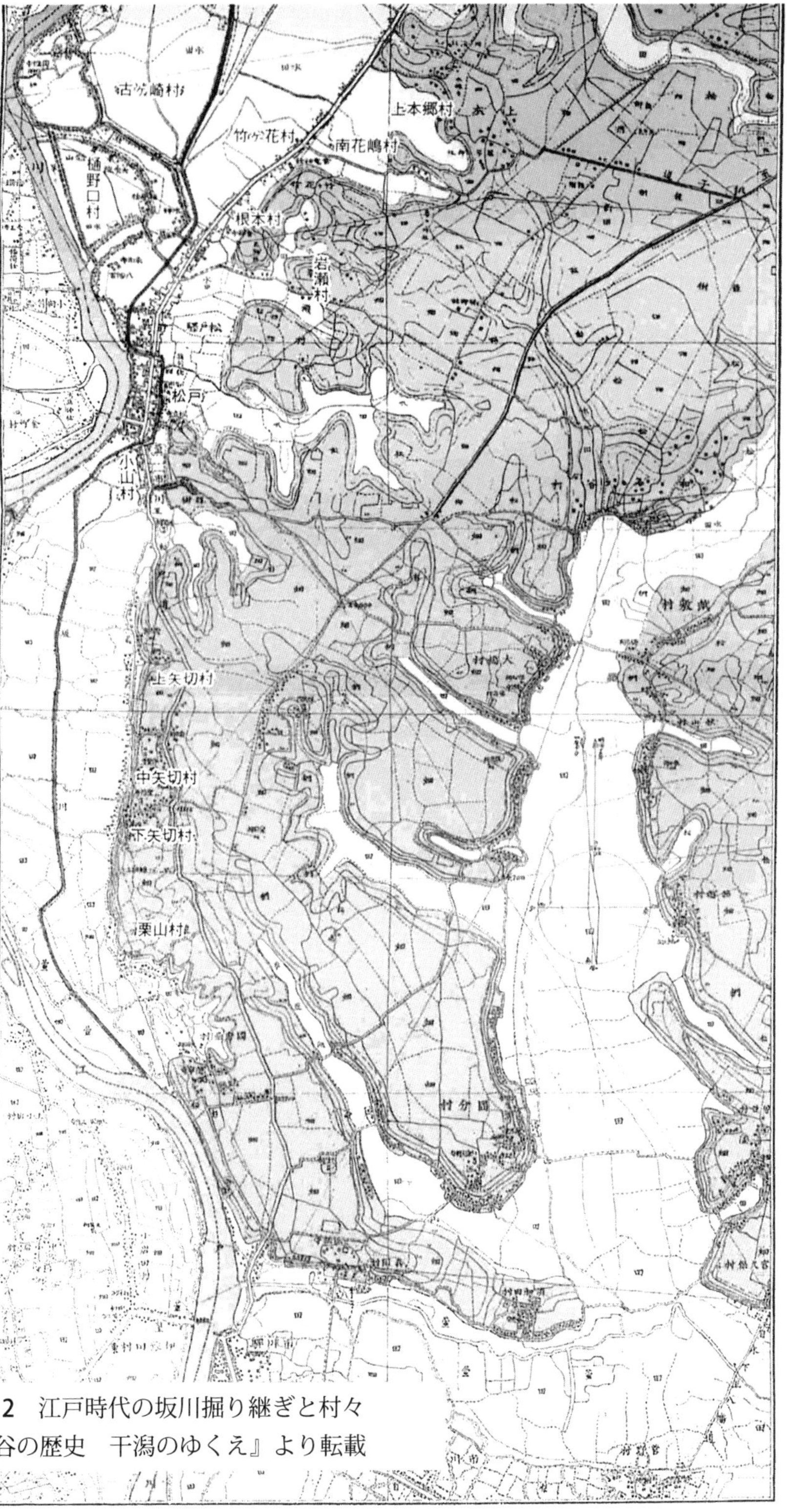

図 12　江戸時代の坂川掘り継ぎと村々
『下谷の歴史　干潟のゆくえ』より転載

第五章　新水路完成による成果と残る課題

・かかった費用の額と負担方法は？

新水路が完成したのはたいへんめでたいことでしたが、完成後も課題は残りました。以下、新水路完成後の状況をみていきましょう。

天保七年（一八三六）五月には、下郷村々で、坂川の新水路や、新水路につながる各村の排水路の用地になった土地（潰れ地）の面積と潰れ地代金（補償金）が、以下のとおり確定しました。潰れ地代金の算定は、土地の質入れ価格（その土地を担保に借金できる金額）を参考にして、最終的には幕府役人が決めました。

	潰れ地面積	潰れ地代金	
松戸宿	一町《ちょう》三反《たん》八畝《せ》二八歩《ぶ》	金　六六一両一分	永《えい》一六八文《もん》六分《ぶ》
小山村	一町六反一畝　五歩半	金　一九八両	永一一六文七分
上矢切村《かみやきり》	一町五反二畝二一歩半	金　一二三両一分	永　八四文四分
中矢切村	四反八畝二九歩	金　四三両一分	永二八一文二分
下矢切村	三町　五畝二三歩半	金　一八七両	永二四一文九分
市川村	一町九反五畝　三歩半	金　九一両一分	永一五二文八分
合　計	一〇町　二畝二一歩	金一三〇五両	永　四五文六分

上記の面積表示中の「半」とは、〇・五歩のことです。ほかに、松戸宿の家作引料《かさくひきりょう》（家屋の移動費用）が金一一七両二分、小山村の家作引料が金三六両二分、計金一五四両かかりました。これらの費用は、出願の中心になった一二か村が負担するのです。しかし、出願一二か村は、これらの費用をすべて自己負担するだけの経済力はありませんでした。

そこで、出願一二か村は、幕府から自普請の費用として、金三六〇〇両を拝借しています。出願村々は、この金を各村の村高に応じて拝借し、その返済義務を負いました。村ごとの拝借金額は、以下のとおりです。

七右衛門新田《しちえもんしんでん》	金一二三両	永二五八文三分
流山村《ながれやま》	金七二八両	永　五四文八分
木　村	金三五〇両	永一九〇文五分
大谷口新田《おおやぐち》	金　九六両	
三村新田《みむら》	金　七八両	永二五三文六分
九郎左衛門新田《くろうざえもん》	金一〇七両	永三五五文二分
主水新田《もんと》	金　七九両	永九九五文六分
小金町《こがねまち》	金六三四両	永二〇五文三分
馬橋村《まばし》	金一二五両	永　六三文八分
伝兵衛新田《でんべえ》	金二三六両	永九六三文六分
古ケ崎村《こがさき》	金七〇七両	永　四二文三分

鰭ケ崎《ひれがさき》村　　金二五二両　　永三二〇文八分

以上の合計金三六〇〇両は、天保七年から五年間（天保一一年まで）は返済を猶予され、六年目（天保一二年）から無利息一五か年賦で、毎年金二四〇両ずつ返済することとされました。村々に有利な返済条件ではありますが、村々が大金を返済していかなければならないことには変わりありません。

天保七年六月には、長崎村など二三か村（台方村々）が、芝崎村名主常右衛門《つねえもん》と後平井《うしろひらい》村名主荘蔵《しょうぞう》を代表に立てて、幕府に次のように願っています。

天保六年二月にもお願い申し上げた（九七ページ参照）、坂川の流路延長の御普請に差し出す人足の件で、あらためてお願い申し上げます。

今般、幕府から、「今回の普請については、幕府から格別の思《おぼ》し召しをもって、出願村々に多額の拝借金を貸与したり、樋《ひ》（水を通す木管）や橋に使う材木の購入費用を下付したりするなどの配慮をしている。ついては、以後の先例にはしないから、二三か村からいささかなりとも人足を差し出すように」と説諭されました。

私どもも、そうした幕府の御趣意を受け入れて、石高一〇〇石につき五〇人までは人足を差し出したいと存じます。しかしながら、現在は小金宿《こがねしゅく》（小金町）の助郷役《すけごうやく》（水戸道中の小金宿に、交通運輸労働に携わる人馬を差し出す役目）に人手をとられているので、坂川の普請には実際に人足を出す代わりに、人足に支払われる賃金に相当する金額を上納したいと存じます。

私ども二三か村のなかには、実際の人足を出せると主張する者もいますが、ほとんどの村人たちは、実際に人足を出す代わりに、人足を雇うのに必要な金額を上納したいと願っておりますので、どうかそのようにお命じください。

この願書にあるように、天保七年四月の新水路完成後も追加工事の必要があり、そこに台方村々の村人たちも人足として動員されようとしたのです。そこで、台方村々では、人の代わりに金を出すことで済ませたいと願っているわけです。金銭的支出のほうが、労働力支出より負担が軽いとの判断です。この願いが聞き届けられたかどうかは、残念ながらわかりません。

・渡辺庄左衛門への批判もあった

一方、天保七年六月には、葛飾郡《かつしかぐん》小金領《こがねりょう》村々（小金町周辺一帯の村々）の名で、渡辺庄左衛門を批判する訴えがなされました。小金領村々に含まれる具体的な村名はわかりません。では、訴えの内容をみてみましょう。

一《ひとつ》、今回の坂川流路延長工事については、天保五年（天保四年の誤り）に、坂川沿いの一一か村が出願し、幕府普請役の見分がありました。その際、松戸・小山・上矢切・中矢切・下矢切各村の百姓たちが、普請役の補助をしていた者と暴力沙汰になりました。関係者は取り調べ中牢に入れられ、牢内で五人が病死しました。また、釈放されて村に帰ってから、二人が死亡しました。坂川流路延長工事は天保七年四月に完成しましたが、五月一一日以降の雨で、今回新たに延長した流路の堤防が崩れて水があふれ、周辺の田畑の作物が押し流されてしまいました。松戸宿などがかねて心配していたとおりの事態が起こってしまったのです。

一、工事に必要な人足一五万八〇〇〇人のうち、五万人については出願した一一か村（実際は一二か村）の百姓たちが務め、一〇万八〇〇〇人分は一一か村の惣代（代表）の鰭ケ崎村庄左衛門の請負とするよう、幕府普請役から指示がありました。村々では、すべての人足を自分たちで務めたいと願いましたが、普請役から「それでは普請に支障が出る」と言われて、やむなく庄左衛門に請負を依頼しました。

松戸宿から小山村にかけての新流路は、当初の計画では直線で通すことになっていましたが、庄左衛門はどういうつもりか、流路を曲げてしまいました。そのため水の流れが悪く、さらに庄左衛門は新流路の左右の堤防について手抜き工事をしました。それが原因で、前条で述べたように、大雨によって堤防が二度にわたって決壊してしまったのだということです。

一、御普請（流路延長工事）が行なわれていた天保六年秋に、庄左衛門は、出願した一一か村の惣代たちを自宅に招いて酒や食事を振る舞い、惣代たちが酩酊《めいてい》したところで、惣代たちに、「坂川の改修工事の出願は安永年間から行なってきたが、それにかかった費用として、金一一八三両三分三朱と銭八貫ほどを自分（庄左衛門）が立て替えている。ついては、このたび幕府から下付される人足の賃金（実際は下付されず）のうちから、これまでの自分の立替分を引き取ることにする」という内容の証文に捺印させました。こうした庄左衛門の謀略は露顕して、出願した一一か村のうち流山村・木村など五か村の百姓たちが、庄左衛門のやり方はおかしいと領主に訴え出る騒ぎになりました。この問題は、前述の証文を無効とすることで示談が成立しました。

一、このたび、出願村々が幕府に願って、金三六〇〇両を年賦返済の条件で拝借しました。ところが、庄左衛門は、「自分は、これまで公然と書面に書けない支出などをたくさんしてきた」と言って、自分の支出分を拝借金のうちから引き取り、その残額を出願村々に配分することにしました。それを出願村々が問題視したため、いまだに拝借金の分配が済んでいないという噂を聞いております。

一、「野附《のつき》組合」二三か村（台方村々のこと）は、農業用水が不足のため雨水に頼って農業をしており、干害に遭いやすい条件下にあります。ところが、このたび幕府の普請役から、「大雨のときには、二三か村に降った雨水が坂川に流れ込んでおり、その点で二三か村は出願村々と坂川を通じた縁がある。そこで、今回の普請には二三か村からも人足を出すように」と命じられました。これに対して、二三か村側は、これまでは坂川関係の人足負担を免除されてきたことと、村人たちの生活困窮を理由にあげて、今回も人足負担を免除してほしいと願いました。ところが、普請役が村々の願いを却下したため、村々では代表を立てて、江戸の幕府の役所に訴え出たということです。（一一三ページ参照）

一、夏・秋に大雨が降ったときに、雨水が台方村々の耕地を通って低いほうに流れ、坂川に流入しますが、それは自然の勾配《こうばい》（傾斜）によるもので仕方のないことです。ところが、庄左衛門は、奸智《かんち》（悪知恵《わるぢえ》）をもって、「台方村々の水源からの水が普段から坂川に流れ込んでいるため、坂川沿いの村々と台方村々とは排水を通じたつながりをもっている。だから、台方村々にも坂川の普請の人足を割り当てるべきだ」などと主張しています。

庄左衛門は、台方村々が実際に人足を出す余裕がないことを見越して、台方村々から人の代わりに人足を雇うための多額の金を出させようとしています。その金を普請の請負人である庄左衛門が受け取って、私腹を肥やすつもりなのです。

そして、流路延長工事の完成後は、毎年坂川の水中に繁茂《はんも》する水草を刈り取るための人足を台方村々に割り当て、それも実際は金銭で差し出させ、庄左衛門が水草刈り取りの請負人になって、台方村々が出した金を受け取ろうと目論《もくろ》んでいるという噂があり、それを聞いた台方村々の村人たちが嘆いているということです。

一、台方村々は、幕府の牧《まき》（馬の放牧場）の維持・管理に関わる人足を頻繁に差し出さなければならないため、今回新たに坂川の普請に人足を出すことは困難です。鰭ケ崎村も以前は牧に関する人足を出していましたが、近年は人足を出していません。従来鰭ケ崎村が負担していた人足は、今は台方村々が代わりに負担しています。

一、庄左衛門は、台方村々への人足割当てに関して、過去の関連文書のうち、自分に都合のよいところだけを取り出して、自らの主張の根拠に利用し、都合の悪いところは無視して、先例のない主張を行なっています。

庄左衛門の家は、彼の祖父の代から名主を務めており、そのころから土木工事の請負で多額の利益をあげてきました。今の庄左衛門は幕府の役人に取り入り、自分一人の利益だけを考えて、百姓たちの難儀を顧みようとしません。

庄左衛門らは、坂川の流路延長によって、普請を出願した村々の耕地が水害を免れるようになれば、幕府をはじめ皆の利益になると主張しています。しかし、幕府が多額の拝借金（幕府から出願村々への普請費用の貸付）や費用負担によって実施した普請は天保七年四月に完成しましたが、出願した村々において作付面積の拡大は実現していません。それに加えて、新たに坂川が通ることになった村々では、坂川の氾濫による被害が出ている始末です。

出願した村々のなかにも、今後拝借金をきちんと返済していけるかどうかを不安視して、庄左衛門の言いなりになって普請を出願したことを内心後悔している者が多くおります。幕府が多額の費用を投下しても、庄左衛門一人が繁栄するだけで、出願村々や台方村々の数万人の村人たちはかえって難儀しているありさまです。

どうか格別の御慈悲をもって、内密に事実関係を糾明していただき、大勢の百姓たちの難儀を救ってくださるようお願いします。百姓たちが安穏《あんのん》に農業を行ない、年貢を上納できるようにしていただければ有り難き仕合せに存じます。

この文書によれば、台方村々と流路延長を出願した村々との間には、依然として人足差し出しをめぐる利害対立が存在していたようです。

この文書では、渡辺庄左衛門のやり方に対する批判が述べられています。庄左衛門は工事に要する一〇万八〇〇〇人分の人足を自身で雇ったが、それは村々の負担を肩代わりしたのではなく、工事を請け負うことで利益を得ようとしたのだと批判されています。地域の公益ではなく、強引かつ不当な手段で自身の私益を追求したというのです。また、庄左衛門の請け負った工事には手抜きや不適切なやり方があったため、スムーズな排水が実現しないばかりか、かえって水害が生じているとも記されています。この文書の内容がすべて事実だとは思えませんが、地域内に庄左衛門に対して批判的な意見があったことは確かなようです。

庄左衛門は流路延長工事の請願の中心になっただけでなく、工事の相当部分を請け負って実施しました。今でいえば、建設会社による公共事業の請負です。それが水害除去という公益の増進に寄与するものか、請負人個人の私益に結果するものかが問われているわけです。

・もう一つの庄左衛門批判

さらに、天保七年八月には、普請を出願した坂川組合一一か村の「小前百姓共《こまえびゃくしょうども》」（一般の百姓たち）の名前で、幕府に宛てて、以下のような願書が作成されています。

このたびの坂川流路延長工事は自普請で行なうことになり、普請に必要な人足は一五万八〇〇〇人と見積もられました。幕府からは、このうち五万人については村々から実際に人足を差し出し、残る一〇万八〇〇〇人は出願村々の惣代（渡辺庄左衛門）に手配を頼むように命じられたので、そのとおりにしました。

ところが、庄左衛門は、普請に関して幕府に偽りを言って、普請費用を余分に受け取り、私欲を満たそうとしています。庄左衛門が不適切なやり方で普請を行なったため、普請完了後も坂川は十分な排水機能を果たしておらず、かえって以前より水害の危険が増しています。

出願村々は幕府から金三六〇〇両の拝借金を下付されており、天保七年四月の普請完成後すぐにその決算報告をすべきところ、惣代（庄左衛門）が多額の不明朗な支出をしていたため、なかなか報告書ができませんでした。それでも、天保七年八月になってようやく報告書ができましたが、庄左衛門が言うには、金三六〇〇両の拝借金では金三二〇両余の不足が出るということでした。金三六〇〇両に加えて、さらに金三二〇両余の余分な支出があったのです。

庄左衛門に不足金が出た理由を尋ねたところ、金七二〇両余の賄賂《わいろ》をあちこちに贈ったので、その分を三六〇〇両のうちから引き取ったために不足金が出たということでした。この賄賂は、坂川の普請の担当だった普請役の上条要助《かみじょうようすけ》様と鈴木源内《げんない》様に、去る春（天保五年か）の工事計画策定の際に金三〇両ずつ渡し、さらに普請完成時に両人に金七〇両ずつを、庄左衛門と流山村年寄庄右衛門《しょうえもん》・小金町年寄伊左衛門《いざえもん》の三人が持参して渡したということです。その際、庄左衛門は上条要助様から脇差《わきざし》をいただいたそうです。そのほかにも、庄左衛門が各所に賄賂を贈ったということです。

それ以外に金六〇両の付け落とし金（決算報告書への記載漏れ分）があったため、それを不足金三二〇両に加えた金三八〇両を、天保七年九月までに坂川組合一一か村から庄左衛門に渡すという内容の証文を、坂川組合村々の村役人から庄左衛門に差し出したということを聞きました。村役人たちが小前《こまえ》（村役人ではない一般の百姓）に一言の相談もなく、不明朗な出金を約束した証文を庄左衛門に渡したということは、村役人たちにも何らかの利得があるのだろうと思われます。

拝借金三六〇〇両から庄左衛門が引き取った金七二〇両は、賄賂なので決算報告書には支出として記載できないため、名目上は四万人の人足に支払った賃金として記載してあります。しかし、それらは実際には賄賂や、庄左衛門が私欲のために使った金なのです。四万人分の人足は実際には働いていないため、その分普請の仕立て方が不十分なものになっています。

惣代たちは、普請の期間中数か月にわたって松戸宿に滞在して、酒食をほしいままにしていました。そのときの飲食・宿泊費の精算をめぐって、庄左衛門とほかの惣代たちとの間で口論になったため、不正が明るみに出たのです。

去る三月（天保五年三月か）の工事計画策定の際に、上条要助様が庄左衛門宅で酒宴を開きました。そのとき、惣代の一人である流山村年寄の又八《またはち》が上条要助様の不興を買ったため、又八は惣代をはずされました。しかし、又八は表に出せない機密事項を知っているため、普請完成後に庄左衛門から口止め料として金二〇両を渡す約束がなされました。

古ケ崎村の組頭宇八《うはち》も、又八と同様に口止め料を受け取ることになっていましたが、普請完成後も庄左衛門が口止め料を渡さなかったため、心外に思って裏事情を口外してしまったので、それを聞いた村々の小前たちは驚きました。

賄賂や惣代たちの私欲のために使った金七二〇両については、それを受け取った幕府の御役人様方もいるため、事実の糾明は困難かもしれません。しかし、惣代たちの行為がそのまま追認されてしまっては、惣代たちには多分の利益になるでしょうが、そのしわ寄せは小前たちに来ます。さしあたり水害を免れることができないため、小前たちの経営は破綻してしまいます。

小前たちのなかには、大勢で小山村に出向いて、実力で坂川から江戸川への排水口を開いて、坂川の水を江戸川に流してしまおうと主張する者たちもいます。しかし、そうした集団での実力行使は違法行為であり、どのような処罰を受けるかわかりません。そこで、やむを得ずこうしてお願い申し上げるしだいです。どうか、前に名前をあげた者たち（庄左衛門ら）を糾明していただき、小前百姓たちが水害を免れて、安心して暮らし続けることができるような施策を定めてくださるよう願い上げます。

この文書は、作成者が「小前百姓共」とだけあって具体的な個人名が記されておらず、実際に幕府に提出されたかどうかもわかりません。内容の信憑性も疑問です。それでも、やはりここからも、先にあげた葛飾郡小金領村々の訴えと同様に、庄左衛門をはじめとする惣代たちに対する不満と不信の念を読み取ることができます。このように、村々の一部には庄左衛門の尽力に否定的な人々もいたのです。

・流路延長後の協力関係

天保八年七月に、出願一二か村に横須賀村を加えた一三か村と、渡辺庄左衛門ら有力百姓五人が、合計一五〇俵の米を幕府に献上したいと願い出ています。庄左衛門は、村々や個人のなかで最大の米三六俵を出しています。その際、村々の側は、「私どもの耕地は、これまで沼地同様に水浸しになっていました。それが新水路の開削によって水はけがよくなり、従来の沼地が今度はほかから用水を引いてくることが必要な土地に変わりました。そして、荒れ地を水田に再開発したところ、思いのほか稲がよく実りました。そこで、感謝の気持ちを込めて、初めて収穫した米を上納したいと存じます」と述べています。ここには幕府役人へのリップサービスが含まれているかもしれませんが、新水路開削によって耕作条件が改善したことは確かなようです。やはり、流路延長には積極的意義があったといえるでしょう。

ところで、「第二次掘り継ぎ工事」を幕府に出願する際には、西平井村など台方八か村も坂川組合と共同で出願しました（ほかの台方五か村も参加、八九ページ）。また、工事のときには、八か村も石高一〇〇石につき二〇〇人の割合で人足を出しました。そして、天保八年七月には、鰭ケ崎村を除いた出願一一か村の村役人たちが、八か村の村役人との間で議定書を取り交わして、以後の坂川に関する工事の際に、村々が負担する人足や費用の割当て基準について定めています。

また、天保八年には、二四か村が組合をつくって、各村が坂川の藻刈りを行なう担当箇所を定めています。二四か村とは、鰭ケ崎村・横須賀村・西平井村・大谷口村・幸谷村・二ツ木村・三ケ月村・小金町・馬橋村・古ケ崎村・七右衛門新田・大谷口新田・九郎左衛門新田・三村新田・主水新田・中根村・新作村・南花島村・竹ケ花村・根本村・上本郷村・伝兵衛新田・流山村・木村です（藻刈りには、二四か村組合のほかに樋野口《ひのくち》村も加わっています）。これは、文政一二年（一八二九）に、坂川の掘り継ぎ工事の出願で協力した村々です。（八九ページ参照）

新流路完成後も、坂川の良好な流れを保つためには、定期的な藻刈りが不可欠でした。藻刈りは、鰭ケ崎村から松戸宿までの四六二三間（約八・三キロメートル）、松戸宿から市川村までの二四八二間（約四・五キロメートル）、主水新田から古ケ崎村までの古坂川《こさかがわ》（享保期までの坂川本流）の流路一九九三間（約三・六キロメートル）、総延長九〇九八間（約一六・四キロメートル）の区間を対象に行なわれました。各村の担当箇所は、村の石高一〇〇石につき長さ二〇八間三分《ぶ》(約三七五・〇メートル）ずつの割合で割り振られました。二四か村は「第二次掘り継ぎ工事」の完成後も、藻刈りを継続的に共同で行なうことを約束しているのです。

この二四か村は、天保一〇年（一八三九）には、坂川の自普請に必要な人足や資材の費用を、各村の村高に応じて負担しています。また、樋野口村は、二四か村組合の準構成員的な位置付けで、人足の一部を負担しています。このように、坂川組合村々に加えて、台方村々も、坂川の継続的な維持・管理に協力しているのです。

・流路延長後も課題は残る

天保九年一二月には、古ケ崎村の年寄宇八《うはち》が、これまで自身が立て替えた金の精算を求めて、幕府に訴え出ています。一〇〇ページで述べたように、宇八は、坂川組合村々の惣代（代表）として、天保元年から同五年まで江戸で出願を行なった際にかかった費用のうち金二〇両を立て替えていました。また、天保六〜七年の新水路開削の際には、幕府役人が宇八宅に宿泊したときの滞在費など、合わせて金二一両二分《ぶ》一朱《しゅ》、銭《ぜに》三三貫七七〇文《もん》を立て替えました。ところが、出願村々は、これらの立替金の精算を滞らせてしまったのです。そこで、当事者同士では埒が明かないと判断した宇八が、幕府から出願村々に精算するよう命じてほしいと願い出たというわけです。

天保元年から同五年にかけては、宇八のほかに、流山村の又八《またはち》が金一〇両、九郎左衛門新田の政七《まさしち》（政七郎《まさしちろう》）が金五両を立て替えていましたが（一〇〇ページ）、それらも天保九年一一月時点で未精算だったため、又八・政七の両人は宇八に、自分たちの未精算分も合わせて幕府に訴えてほしいと頼んでいます。残念ながら、宇八の訴えが最終的にどのように決着したかはわかりません。

翌天保一〇年は、五月に田植えを終えてから大旱魃《だいかんばつ》になり、坂川が干上がって水が一滴もない状態になってしまいました。そこで、幕府役人の福永定十郎《ふくながさだじゅうろう》は、坂川の藻刈組合二四か村に、古ケ崎村付近で古坂川《こさかがわ》を浚渫《しゅんせつ》（川浚い）するよう命じました。古坂川の流れをスムーズにして、古坂川から用水を引こうというのでしょう。その際、浚渫作業は自普請で行なうこととしました。福永の指示を受けて、天保一〇年七月下旬に、組合二四か村の代表者たちが、古ケ崎村の友蔵《ともぞう》宅に集まって、工事の具体化について相談しました。福永も、そこに参加しています。

その席で、二四か村のうちでもより坂川に近い村々から、比較的坂川から離れた村々に対して、そちらからも労働力を出してほしいという意見が出されました。それに対して、比較的坂川から遠い大谷口《おおやぐち》・幸谷《こうや》・二ツ木《ふたつぎ》・三ケ月《みこぜ》の四か村は、「われわれは、坂川の西側、すなわち古坂川のほうには田を持っておらず、坂川に近い村々と共通の条件下にはない。したがって、労働力を出すことはできない」と主張しました。そして、福永も大谷口など四か村の主張を認めたため、四か村は労働力の負担をせずにすみました。

これは一例ですが、ほかの事例も含めて、坂川周辺の村々は藻刈りなどで互いに協力しつつも、協力の範囲には一定の線引きを設けて、規律ある関係を築いていました。線引きの際の原則の一つは、受益者負担でした。坂川を利用して排水や用水の利益を享受している村々、あるいは坂川に関する工事・作業によって利益を得る村々が、人的・経済的負担を負うべきだという考え方です。逆に言えば、工事・作業による利益が得られなければ、人的・経済的負担をする必要はないということです。また、従来からの慣行や先例も重視されました。

さらに、相手から助力を受けたらその分だけはお返しに協力する、相手の力を借りていなければこちらも力を貸す必要はない、という相互同量協力の考え方もありました。こうしたいくつかの原則に立って、村々は川の恩恵を共同で享受し、被害は協力して防ぎつつ、話し合いによって負担を公平・適正に保つ努力を重ねていたのです。

・改修工事は続く

坂川組合村々と下郷村々との関係は、新水路開削後常に良好だったわけではありません。天保一四年二月には、小山・上矢切・中矢切・下矢切の四か村が、坂川組合一一か村と鰭ケ崎村（新水路開削を出願した中心的な村々）を相手取って、幕府の勘定奉行所に出訴しました。小山村など四か村は、次のように主張しました。

〈四か村の主張〉

①天保五年七月に、坂川組合村々と下郷村々との間で結ばれた議定書（九三ページ以下）では、「出願村々がこれまで幕府からいただいていた凶作年の手当金のうち金三二九両を、工事完成から三年目の暮れに、水害の危険が増える小山村などに譲渡する」と定められていた。新水路は天保七年に完成したので、天保九年の暮れにはわれわれ四か村が金三二九両を譲り受けるべきところ、出願村々はその金を譲ろうとしない。

②松戸宿（松戸宿と小山村の境）と下矢切村には、坂川から江戸川への排水口があり、江戸川が増水して水が坂川に逆流しそうなときには、排水口の戸（水門）を下ろして、江戸川の水が坂川に入らないようにすることになっていた。そして、そこには江戸川の水位を測定するための杭を打ち、戸の開閉については、地元村、出願村々の代表、および小山村など四か村の代表の三者が杭の水位を見ながら判断するはずであった。ところが、出願村々では杭を打たず、四か村には無断で戸の開閉をしたり、松戸宿の排水口の戸に勝手に錠前《じょうまえ》（鍵《かぎ》）を取り付けたりしている。

③天保五年七月の議定書では、四か村の領域内で新水路が通る土地にかかる雑税は、工事着工

の年から三年間は出願村々が毎年負担し、それ以降は四か村が出願村々から相応の金額を受け取り、それを貸付に回して、その利息を用いて毎年雑税を上納することが定められた。しかし、出願村々はその金を渡そうとしない。

④坂川の左右の堤防破損箇所の修復方法や、坂川に架かる橋の修復・架け替えの方法についでは天保五年の議定書に定められているが、出願村々はそれを守っていない。

以上が、小山村など四か村が訴えた内容です。これに対して、訴えられた出願村々の側は、天保一四年五月に次のように反論しています。

〈出願村々の反論〉（以下の丸番号は、四か村の主張に対応）

①天保五年七月の議定書にある、凶作年の手当金のうち金三二九両を小山村などに譲渡する件について。出願村々では、新水路に通水したとき、その影響で四か村の耕地に水があふれた場合には、手当金を渡すつもりであった。しかし、そのような悪影響は出ておらず、かえって耕地条件がよくなっているくらいなので、手当金を渡す必要はない。

②坂川から江戸川への排水口の杭については、今はまだ坂川の自普請をしている途中なので杭打ちを延期しているが、自普請が完成したら早速杭を打つつもりである。下矢切村の排水口の戸の開閉は、同村の隣の栗山村に依頼している。松戸宿と小山村の境の排水口は水戸道中に近いので、通行人に戸を勝手に開閉されたりしないために鍵を付けている。ただし、戸の開閉は小山村

名主七兵衛《しちべえ》も立ち会って行なっており、問題はない。

③天保五年七月の議定書では、新水路の用地にかかる雑税に充てるために、四か村が貸付に用いる元金を、出願村々から四か村に渡すことが定められた。その点は、四か村の言うとおりである。しかし、坂川の普請は今も継続中で、その費用が嵩《かさ》んで出願村々の村人たちは困窮しており、幕府からの拝借金三六〇〇両の返済も思うに任せないありさまである。そうした状況なので、普請の完成まではまとまった元金を渡せない。もっとも、毎年の雑税分だけは四か村にその都度渡しており、四か村の村人のなかには、そのほうがよいという者もいる。

④天保五年七月の議定書で、橋の修復や架け替えについては、出願村々からあらかじめ一定額を四か村に渡し、四か村ではその元金をほかへ貸し付け、その利息を用いて修復や架け替えを行なうこととされた。しかし、実際は、これまで出願村々で必要な修復を行ない、通行に支障のないように注意してきた。確かに修復費捻出《ねんしゅつ》のための貸付元金は渡していないが、現在のやり方でも問題はないはずである。

このように双方の主張は真っ向から対立していますが、このあと訴訟がどのように決着したかは残念ながらはっきりしません。

ただし、争点④については、小山村など四か村の主張が通ったようで、天保五年七月の議定書の規定に沿って、出願村々から橋の修復・架け替え費用捻出のための貸付元金として、金一七六両を四か村に渡すことになりました。しかし、出願村々ではその金を全額自前では調達できなかったため、天保一四年一一月に、幸谷村など台地寄りの坂川藻刈組合村々が出願村々に金三一両と永九九五文の資金援助をすることになりました。

一方で、争点の③にある新水路の用地にかかる雑税については、嘉永《かえい》七年（＝安政《あんせい》元年、一八五四）になっても、出願村々から松戸宿に、雑税分相当の金銭を渡しています。小山村など四か村にも同様に渡していたでしょうから、この点では出願村々が天保一四年まで行なっていたやり方が以後も続いたようです。

なお、出願村々の反論の②にあるように、天保七年の新流路完成後も、自普請のかたちで坂川の改修工事は続いていました。

「第二次掘り継ぎ工事」によって、坂川の排水機能はかなり改善されましたが、まだ流域の耕地が水害に遭う危険はなくなりませんでした。坂川組合村々は、その原因を、水路が松戸宿の家並みの東側裏手を通っているからだと考えています。ルートがよくないために、江戸川に排水されるべき水が逆流してしまうというのです。

そこで、坂川組合村々と鰭ケ崎村では、「第二次掘り継ぎ工事」の際に当初計画されたとおり、水路を松戸宿の西側裏手を通すようにルート変更したいと考えました。そして、万延《まんえん》元年（一八六〇）八月には、鰭ケ崎村名主の庄左衛門と三村新田《みむらしんでん》名主の三平《さんぺい》に惣代になってもらい、二人に下郷村々との交渉を依頼しています。

しかし、松戸宿側がルート変更に反対したため、万延元年一二月に、坂川組合村々と鰭ケ崎村ではこの件を幕府代官に願い出ることを決めて、庄左衛門と三平が江戸に出向いています。この件は

鰭ケ崎の東福寺

文久《ぶんきゅう》三年（一八六三）二月の時点でも決着していません。結局、幕末まで坂川の排水不良は解消されず、そのためさらなる坂川の流路変更が模索され続けたのでした。

そして、最幕末の慶応《けいおう》二年（一八六六）には、鰭ケ崎村の東福寺の境内に、「阪（坂）川治水記《ちすいき》」と題する文章を刻んだ石碑が建立《こんりゅう》されました。そこには、坂川治水の経緯と鰭ケ崎村名主を務めた渡辺家三代（充房・寅・章敬）の功績などが刻まれています。

江戸時代における坂川改修事業は、課題を明治以降に引き継ぎつつも、地域住民の大きな達成として記念碑に刻まれ、地域の記憶として永く後世に伝えられたのです。

・明治期の坂川

本章の最後に、明治期の状況について簡単

に触れておきましょう。明治期になっても、下谷地域は排水不良のため、二毛作のできない田(湿田《しつでん》)がほとんどでした。裏作に麦などを作るためには、田の水を完全に抜く必要がありましたが、それが困難だったのです。坂川の排水機能は普段から十分でないうえに、さらに雨の多い季節には江戸川の水量が増して、江戸川から坂川への水の逆流が起こりました。豪雨があると、流域一帯の田は湖のようになり、水は容易に引きませんでした。そのため、明治期の下谷地域の単位面積当たりの米収穫量は、千葉県のなかでも低いランクにありました。

そうした状況は、明治四二年（一九〇九）に、樋野口《ひのくち》に排水機場が設けられることによって大きく改善しました。樋野口排水機場には、蒸気機関を用いて動かすポンプが六台設置され、その受益面積は一〇〇〇町を超えました。明治四一年には、下矢切《しもやきり》にも蒸気機関を用いた排水・灌漑兼用のポンプが二台設置されています。こうした排水機設置によって、受益地域の単位面積当たりの米収穫量は一・五～二倍程度に急増しました。江戸時代における坂川の流路延長の成果を基礎に、明治期に近代的な機械が導入されることによって、坂川の排水機能は格段に高められることになったのです。

東福寺にある「阪川治水記」の碑

エピローグ

ここまで、江戸川と坂川の治水について述べてきました。その要点をまとめておきましょう。

まず、江戸川です。江戸川は大河ですから、その管理は一村だけでできるものではありません。流域の村々が連合・協力して氾濫防止や堤防の維持・管理などに当たりました。そうした村々の連合は、松戸市域とその周辺だけでなく、上流と下流、左岸と右岸の広域にわたって、いくつもつくられていました。複数の広域村連合が、江戸川の治水を分担していたのです。

それでも、村人たちの努力だけでは十分でなかったため、幕府の手助けが求められました。そこで、幕府は普請役という河川管理専門の役職を置いて治水工事を監督・指導させるとともに、治水関係費用を江戸川から離れた広範囲の村々に賦課したり（国役普請）、諸大名に治水工事を手伝わせたりしました。全国政権としての役割を果たすべく努めたのです。

このように、江戸時代の江戸川の治水は、流域の村人たちと幕府・大名が協力して行なうことで一定の成果をあげました。しかし、氾濫を完全に防止することはできず、流域村々はときには洪水の被害に遭いました。積極的な成果と残された課題の両面があったのです。

次に、坂川についてまとめましょう。一七世紀には下谷の耕地開発が進みましたが、坂川がスムーズに流れないため、百姓たちは水害に悩まされました。そこで、一八世紀前半には、坂川のルート変更が行なわれましたが、排水不良は解消されませんでした。そのため、一八世紀後半以降は、ルートの延長が課題となりました。長年の運動の結果、一九世紀前半にはルートの延長が実現し、坂川の流路はほぼ現在の姿になりました。その結果、坂川の排水機能は一定程度改善され、明治以降の農業発展の基礎が築かれたのです。

こうした坂川の大規模な改修が実現した要因は、いくつかあります。第一に、坂川流域の村々が連合・協力して、幕府に普請の実現を粘り強く要求したことがあげられます。坂川は江戸川に比べれば小さい川ですが、それでも大幅な改修には多くの労働力・資材・経費が必要になります。改修工事の実施にはまず幕府の許可が必要であり、さらに幕府の指導や資金援助を仰がなければなりませんでした。幕府の許可や支援を得るためには、改修工事が流域の多くの村々の共通する要求であることをアピールする必要がありました。多数の村を結集して、数の力を示す必要があったのです。

そこで、関係村々は利害の不一致を乗り越えて、改修実現の一点で大同団結しました。また、新流路が通る村々には手厚い補償を約束して、新流路建設に同意してもらいました。こうした関係村々の、長年にわたる合意形成のための粘り強い取組みが改修実現の原動力になりました。坂川の上流・下流の別や川との距離の遠近によって生じる利害関係の相違を超えて、関係村々が改修に基本的に同意していることを示せたことが大きかったのです。

改修実現の要因の第二は、流域村々が流路延長などの具体的な改修プランを幕府に提案したことです。流域の村人たちは、繰り返し水害に遭うなかで、坂川の改修方法について経験的にわかってきました。そうした現実に根差した知識に基づく改修プランを提示することによって、幕府を動かすことができたのです。村々では、水害によって蒙る被害の甚大さ、悲惨さを訴えましたが、それだけではなかなか幕府を納得させられませんでした。そこに、広範囲の村々が合意しているという事実と、実現可能な改修プランの提示が加わることで、改修実現にこぎつけることができたのです。

改修実現の要因の第三は、流域村々の有力者の尽力です。その代表例が、鮨ケ崎村の渡辺庄左衛門家です。同家は、親子三代にわたって改修実現に尽力しました。庄左衛門ら地域有力者の政治的交渉力と私財の提供、工事の請負等があって初めて改修が実現したといえるでしょう。村人たちの中心となる地域指導者の果たした役割には大きなものがありました。

こうした複数の要因によって、坂川の改修は実現しました。ただし、それによっても排水不良や水害はなくなりませんでした。発電機も土木機械もない江戸時代の技術段階にあっては、それはやむを得ないことだったといえます。また、工事費用が多額にのぼったために、一部の村人たちはそれに不満を抱き、なかには地域指導者たちの不正を疑う声もあがりました。上流の村と下流の村の意見対立も完全に解消されたわけではありませんでした。

そうした問題を有しつつも、坂川の改修は江戸時代を通じて少しずつ進展していきました。今日の安定した坂川の流れは、江戸時代の村人たちの苦闘の歴史のうえに実現したものなのです。本書では、そうした先人たちの労苦の歩みを、史料に基づいて振り返ってみました。本書によって、村人たちが災害防止と生活改善のために主体的に取り組む姿を、少しでも具体的にお伝えできたなら幸いです。

参考文献・史料一覧

第一章

大熊　孝　『技術にも自治がある』農山漁村文化協会、二〇〇四年
喜多村俊夫『日本灌漑水利慣行の史的研究　総論篇』岩波書店、一九五〇年
鬼頭　宏　『図説　人口で見る日本史』ＰＨＰ研究所、二〇〇七年
玉城　哲　『風土の経済学』新評論、一九七六年
同　　　　『むら社会と現代』毎日新聞社、一九七八年
同　　　　『日本の社会システム』農山漁村文化協会、一九八二年
玉城　哲・旗手　勲『風土』平凡社、一九七四年
深尾京司ほか編『岩波講座　日本経済の歴史　第二巻　近世』岩波書店、二〇一七年
大谷貞夫『近世日本治水史の研究』雄山閣出版、一九八六年
同　　　『江戸幕府治水政策史の研究』雄山閣出版、一九九六年
渡辺尚志『百姓たちの水資源戦争』草思社、二〇一四年（二〇二二年に草思社文庫にて再刊）
同　　　『川と海からみた近世』塙書房、二〇二二年
同　　　『浅間山大噴火』吉川弘文館、二〇〇三年

第二章以降

『松戸市史料　第二集』松戸市役所、一九五八年
『松戸市史　中巻　近世編』松戸市役所、一九七八年
松戸市立博物館編『特別展　川の道　江戸川』松戸市立博物館、二〇〇三年
松戸市立博物館編『改訂版　常設展示図録』松戸市立博物館、二〇〇四年
松戸市立博物館編『江戸川の社会史』同成社、二〇〇五年
「論集　江戸川」編集委員会編『論集　江戸川』「論集　江戸川」編集委員会、二〇〇六年
新松戸郷土資料館編『下谷の歴史　干潟のゆくえ』新松戸郷土資料館、二〇〇六年
『流山市史　近世資料編Ⅱ』流山市教育委員会、一九八八年
太田知宏「明治後期から大正前期の東葛飾郡における機械排水」『地方史研究』四二三号、二〇二三年

松戸市古ケ崎・待山家文書（松戸市立博物館蔵）

度量衡の表

容積	1 石＝10 斗＝100 升＝1000 合＝10000 勺 ＝約 180 リットル 1 斗＝約 18 リットル 1 升＝約 1.8 リットル
面積	1 町＝10 反＝100 畝＝3000 歩（坪） ＝約 9917.35 平方メートル 1 反＝10 畝＝300 歩＝約 991.74 平方メートル 1 畝＝30 歩＝約 99 平方メートル 1 歩＝1 間四方＝約 3.3 平方メートル
距離	1 里＝36 町＝2160 間＝12960 尺＝約 3.93 キロメートル 1 町＝60 間＝約 109.09 メートル 1 間＝6 尺＝約 1.82 メートル
重さ	1 貫＝6.25 斤＝1000 匁＝約 3.75 キログラム 1 斤＝160 匁＝約 600 グラム 1 匁＝約 3.75 グラム
長さ	1 丈＝10 尺＝100 寸＝1000 分＝約 3.03 メートル 1 尺＝約 30.3 センチメートル 1 寸＝約 3.03 センチメートル

貨幣単位の表

金貨	1 両＝4 分＝16 朱 1 分＝4 朱＝100 疋 金 1 両＝永 1 貫文＝永 1000 文
銀貨	1 貫目＝1000 匁＝10000 分 1 匁＝10 分、1 分＝10 厘、1 厘＝10 毛
銭貨	1 貫文＝1000 文

金銀銭三貨の換算率は相場により変動しますが、おおよそ金 1 両＝銀 50〜60 匁＝銭 4000〜8000 文くらいでした。

著　者　渡辺尚志（わたなべ・たかし）

1957年、東京都生まれ。東京大学大学院博士課程単位取得退学。博士（文学）。松戸市立博物館長。一橋大学名誉教授。専門は日本近世史・村落史。主要著書に、『百姓の力』（角川ソフィア文庫）、『百姓たちの江戸時代』（筑摩書房（ちくまプリマー新書））、『百姓たちの幕末維新』（草思社文庫）、『東西豪農の明治維新』（塙書房）、『百姓の主張』（柏書房）、『海に生きた百姓たち』（草思社文庫）、『日本近世村落論』（岩波書店）、『小金町と周辺の村々』『城跡の村の江戸時代』（たけしま出版）などがある。

川と向き合う江戸時代
—　江戸川と坂川の治水をめぐって—
松戸の江戸時代を知る③

2024年（令和6年）5月15日　第1刷発行

著　者　渡辺　尚志
発行人　竹島いわお
発行所　たけしま出版

〒277-0005　千葉県柏市柏762　柏グリーンハイツC204
TEL　04（7167）1381（FAX同じ）
振替　00110-1-402266
印刷・製本　戸辺印刷

渡辺尚志著（松戸市立博物館館長・一橋大学名誉教授）

A5判 97頁 本体1,000円

〈目次〉

<シリーズ 松戸の江戸時代を知る①、②>　好評発売中

A5判 167頁 本体1,400円

〈目次〉

発行所　たけしま出版　〒277-0005
千葉県柏市柏792 柏グリーンハイツC204
TEL・FAX　04(7167)1381